大学数学系列教材

工程复变函数与积分变换

王以忠　许日才　刘照军　郭秀荣　编著

张　宁　主审

扫码免费获取更多资源

清华大学出版社

北京交通大学出版社

·北京·

内 容 简 介

复变函数与积分变换是智能控制、自动化、机械电子、计算机科学与技术、建筑、流体力学和物理学等相关专业的一门重要基础课程，它既是学生学习后续专业课的基础，又是他们将来从事专业技术工作的重要基础和工具。

本书介绍了复变函数与积分变换的基本理论和方法。全书共分七章，主要内容包括复变函数及其极限与连续性、解析函数、复变函数的积分、傅里叶变换、拉普拉斯变换、级数、留数及其应用。

图书在版编目（CIP）数据

工程复变函数与积分变换 / 王以忠等编著. —北京：北京交通大学出版社 ：清华大学出版社，2021.8

ISBN 978-7-5121-4459-0

Ⅰ. ① 工… Ⅱ. ① 王… Ⅲ. ① 复变函数–高等学校–教材 ② 积分变换–高等学校–教材 Ⅳ. ① O174.5 ② O177.6

中国版本图书馆 CIP 数据核字（2021）第 085917 号

工程复变函数与积分变换
GONGCHENG FUBIAN HANSHU YU JIFEN BIANHUAN

责任编辑：严慧明
出版发行：清 华 大 学 出 版 社　邮编：100084　电话：010-62776969　http://www.tup.com.cn
　　　　　北京交通大学出版社　邮编：100044　电话：010-51686414　http://www.bjtup.com.cn
印 刷 者：三河市华骏印务包装有限公司
经　　销：全国新华书店
开　　本：185 mm×260 mm　印张：9　字数：225 千字
版 印 次：2021 年 8 月第 1 版　2021 年 8 月第 1 次印刷
印　　数：1～3 000 册　定价：36.00 元

前　　言

复变函数与积分变换是工科相关专业的一门重要基础课程,它既是学生学习后续专业课的基础,又是他们将来从事专业技术工作的重要基础和工具.它在培养学生发现与界定问题的能力、思辨能力、解决问题的能力、将知识转化为现实生产力的能力和创新能力及培养学生的数学素养等方面都起着非常重要的作用.随着科学技术的进步,复变函数与积分变换理论将会发挥越来越重要的作用,如果只研究实分析,那么对许多问题就难以开展深入的探索和研究.举个最简单的例子,假如所研究问题涉及的方程无实根,这时实分析就无能为力了.因此,现在越来越多的专业和领域都在纷纷引进复分析理论,从一些发达国家的经验来看这也是大势所趋.

为适应科学技术的发展和创新型与应用型本科人才培养和教学改革的需要,编者在参阅了大量国内外有代表性的文献资料和教学实践的基础上,按照工科数学复变函数与积分变换教学大纲的要求编写了本书.本书阐述了解析函数、复变函数的积分、级数和留数等相关理论和方法,结合工程需要系统介绍了傅里叶变换和拉普拉斯变换的基本理论和方法,并给出了一些应用实例.复变函数与积分变换源于实践并为社会实践服务,为此编者对课程体系和教学内容进行了大幅度的调整,增加了部分工程应用实例,不追求理论的系统性和完整性,尽量回避一些繁杂的枝节证明,注重直观性、实践性和创新性,深入浅出,简洁易读.本书调整了一些理论色彩浓厚而与专业课程衔接不良及脱离工程实际的内容,而以直观性强、专业特点浓重的内容予以填补,可以使学生学以致用.同时本书也结合了先进的教改成果进行编写,反映先进教学理念与教学成果,促进教学改革的深入发展.本书的内容体系合理而且新颖,突出应用特点、直观性和创新性特点,能够引导学生能动地去发现、探索和创新,既能很好地为专业教学服务,又对培养高素质应用型、创新型人才发挥积极作用.

本书由王以忠(山东科技大学)、许曰才(山东科技大学)、刘照军(山东第一医科大学)和郭秀荣(山东科技大学)执笔编著,由复旦大学博士后张宁(山东科技大学)担任主审.张宁主任对本书的总体结构和内容构成进行了全面审阅,提出了许多宝贵的意见和建议,在此表示衷心的感谢!

由于作者水平有限,书中或存有不妥之处,敬请广大读者批评指正.

编　者

2021 年 1 月

目　　录

第一章 复变函数及其极限与连续性

复变函数一般是指自变量和因变量都为复数的函数. 复变函数论是分析数学的一个分支, 故又称复分析. 复变函数研究的主要对象为解析函数. 在引入这种解析函数之前, 这一章中, 我们首先介绍复数、复变函数、初等函数、极限与连续等一些基本概念和基本理论.

第一节 复 数

方程 $x^2 + 1 = 0$ 在实数域内无解, 也就是在数轴上找不到一点, 它所对应的数满足这个方程. 那么, 一维空间内解决不了的问题在二维空间中能不能得到解决呢? 答案是肯定的. 这就需要把实数域扩展一下, 引进复数域. 引进复数域具有重大的理论和实际意义.

一、复数及其代数运算

(一) 复数的基本概念

将形如 $z = x + iy$ 的数称为复数, 其中 x 与 y 都是实数, i 叫作虚数单位, 并规定 $i^2 = -1$. x 与 y 两数分别称为复数 $z = x + iy$ 的实部和虚部, 记为

$$x = \text{Re}(z), \quad y = \text{Im}(z)$$

特别地, 当实部 x 为零时, iy 称为纯虚数.

两个复数 $z_1 = x_1 + iy_1$ 与 $z_2 = x_2 + iy_2$ 相等, 当且仅当 $x_1 = x_2$, $y_1 = y_2$. 一个复数等于零, 当且仅当它的实部与虚部同时为零. 复数 $x + iy$ 和 $x - iy$ 称为互为共轭复数. 复数 z 的共轭复数记为 $\bar{z}$.

(二) 复数的代数运算

设 $z_1 = x_1 + iy_1, z_2 = x_2 + iy_2$, 复数的四则运算定义如下.

复数的加 (减) 法:

$$z_1 \pm z_2 = (x_1 \pm x_2) + i(y_1 \pm y_2)$$

复数的乘法:

$$z_1 \cdot z_2 = (x_1 x_2 - y_1 y_2) + i(x_1 y_2 + x_2 y_1)$$

复数的除法:

$$\frac{z_1}{z_2} = \frac{x_1 x_2 + y_1 y_2}{x_2{}^2 + y_2{}^2} + \mathrm{i}\frac{x_2 y_1 - x_1 y_2}{x_2{}^2 + y_2{}^2} \quad (z_2 \neq 0)$$

全体复数在引入相等关系和上述运算法则后就称为复数域，所有复数构成的集合用 C 表示.

二、复数的表示

（一）复数的几何表示

1. 复平面

在一条实数轴上可以建立实数与点的一一对应关系，但在实数轴上方程 $x^2 + 1 = 0$ 是无解的. 要解决这个问题就只能到高维空间中去寻找答案了，下面介绍复平面，在复平面上这个方程就有解了.

一个复数 $z = x + \mathrm{i}y$ 本质上由一对有序实数 (x, y) 唯一确定，于是能够建立全体复数与 xOy 平面上的点之间的一一对应关系. 换句话说，可以用点 (x, y) 来表述复数 $z = x + \mathrm{i}y$.

由于 x 轴上的点对应着实数，故将 x 轴称为实轴；y 轴上除原点外的点对应着纯虚数，故将 y 轴称为虚轴，这样表示复数的平面称为复平面或 z 平面.

2. 复数的模与辐角

在复平面上，复数 $z = x + \mathrm{i}y$ 还与从原点到点 (x, y) 所引的向量构成一一对应关系，因此，也可以用向量来表示复数 $z = x + \mathrm{i}y$（见图 1-1）.

向量 $x + \mathrm{i}y$ 的长度称为复数的模，记作 $|z|$（见图 1-1），那么，$|z| = \sqrt{x^2 + y^2}$. 非零向量与正实轴之间的夹角 θ 称为复数的辐角，记为 $\mathrm{Arg}\, z$. 辐角中只有一个值 θ_0 满足条件 $-\pi < \theta_0 \leqslant \pi$，称之为复数 z 的辐角的主值，记作 $\arg z$.

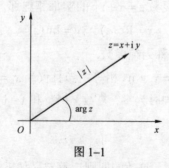

图 1-1

（二）复数的解析表示

复数有三种常用的解析表示形式，分别为直角坐标形式、三角形式和指数形式.

复数的直角坐标形式为 $z = x + \mathrm{i}y$，记非零复数 $z = x + \mathrm{i}y$ 的模为 r、辐角为 θ，则它的三角表达式为：$z = r(\cos\theta + \mathrm{i}\sin\theta)$.

根据欧拉公式 $\mathrm{e}^{\mathrm{i}\theta} = \cos\theta + \mathrm{i}\sin\theta$，可以得到复数的指数表达式：$z = r\mathrm{e}^{\mathrm{i}\theta}$.

三、复数的方根

称满足方程

$$w^n = z \quad （这里 w \neq 0, n = 2, 3, \cdots）$$

的复数 w 为复数 z 的 n 次方根，记作 $\sqrt[n]{z}$，即 $w = \sqrt[n]{z}$ 或 $w = z^{\frac{1}{n}}$.

设 $z = r\,\mathrm{e}^{\mathrm{i}\theta}$，$w = \rho\,\mathrm{e}^{\mathrm{i}\varphi}$，由方程 $w^n = z$ 得到 $(\rho\,\mathrm{e}^{\mathrm{i}\varphi})^n = r\,\mathrm{e}^{\mathrm{i}\theta}$.
即 $\rho^n\,\mathrm{e}^{\mathrm{i}n\varphi} = r\,\mathrm{e}^{\mathrm{i}\theta}$.

两复数相等，则有

$$\rho^n = r$$
$$n\varphi = \theta + 2k\pi \quad (k = 0, \pm 1, \pm 2, \cdots)$$

从而

$$\rho = r^{\frac{1}{n}}$$
$$\varphi = \frac{\theta + 2k\pi}{n} \quad (k = 0, \pm 1, \pm 2, \cdots)$$

故

$$w = r^{\frac{1}{n}}\,\mathrm{e}^{\mathrm{i}\frac{\theta + 2k\pi}{n}}$$

于是 $z^{\frac{1}{n}} = r^{\frac{1}{n}}\,\mathrm{e}^{\mathrm{i}\frac{\theta + 2k\pi}{n}} = r^{\frac{1}{n}}\left(\cos\frac{\theta + 2k\pi}{n} + \mathrm{i}\sin\frac{\theta + 2k\pi}{n} \right) \quad (k = 0, \pm 1, \pm 2, \cdots)$

当 k 取 $0, 1, 2, \cdots, n-1$ 时，得到方程 $w^n = z$ 的 n 个单根.

■ 例 1.1 计算 $\sqrt[3]{-8}$.

解 因

$$-8 = 8(\cos\pi + \mathrm{i}\sin\pi)$$

故

$$\sqrt[3]{-8} = \sqrt[3]{8}\left(\cos\frac{\pi + 2k\pi}{3} + \mathrm{i}\sin\frac{\pi + 2k\pi}{3} \right) \quad (k = 0, 1, 2)$$

当 $k = 0$ 时，$\sqrt[3]{-8} = \sqrt[3]{8}\left(\cos\frac{\pi}{3} + \mathrm{i}\sin\frac{\pi}{3} \right) = 2\left(\frac{1}{2} + \frac{\sqrt{3}}{2}\mathrm{i} \right) = 1 + \sqrt{3}\,\mathrm{i}$

当 $k = 1$ 时，$\sqrt[3]{-8} = \sqrt[3]{8}(\cos\pi + \mathrm{i}\sin\pi) = -2$

当 $k = 2$ 时，$\sqrt[3]{-8} = \sqrt[3]{8}\left(\cos\frac{5\pi}{3} + \mathrm{i}\sin\frac{5\pi}{3} \right) = 2\left(\frac{1}{2} - \frac{\sqrt{3}}{2}\mathrm{i} \right) = 1 - \sqrt{3}\,\mathrm{i}$

第二节 复变函数

复变函数的定义形式上与高等数学中函数的定义是一样的，二者之间有着密切的联系.随着社会的发展和科技的进步，人们在社会实践中发现许多问题仅用实分析难以进行深入的探索或是难以解决，于是复分析便应运而生.

一、复变函数的概念

> **定义 1.1** 设 E 为一复数集，如果有一法则 f，对 E 内每一复数 z，都有确定的复数 w 与之对应，则称 f 为定义在 E 上的复变函数. E 称为函数 f 的定义域. 对于 E，函数值 w 的全体所构成的集合 M 称为函数 f 的值域.

与中学数学类似，可根据函数值的唯一性来区分单值与多值函数.

例如，$w=z^3$，$w=\arg z$，$w=\dfrac{z}{z^2+1}$ 均为 z 的单值函数，而函数 $w=\sqrt[3]{z}$ 和函数 $w=\operatorname{Arg} z(z\neq 0)$ 则为 z 的多值函数.

设 $w=f(z)$ 是定义在点集 E 上的函数，并令 $z=x+\mathrm{i}\,y$，$w=u+\mathrm{i}\,v$，u,v 均随 x,y 而确定，因而 $w=f(z)$ 又常写成

$$w=u(x,y)+\mathrm{i}\,v(x,y)$$

其中 $u(x,y),v(x,y)$ 是二元实函数. 这样，一个复函数 $w=f(z)$ 就对应了两个二元实函数 $u=u(x,y)$，$v=v(x,y)$.

例如，设函数 $w=z^2+2$，当 $z=x+\mathrm{i}\,y$ 时，w 可以写成 $w=x^2-y^2+2+2xy\mathrm{i}$，因而 $u(x,y)=x^2-y^2+2$，$v(x,y)=2xy$.

反之，把 $x=\dfrac{z+\bar{z}}{2}$，$y=\dfrac{z-\bar{z}}{2\mathrm{i}}$ 代入 $w=x^2-y^2+2+2xy\mathrm{i}$ 中则得到 $w=z^2+2$.

二、复变函数的几何意义

在高等数学中，可以作一元与二元函数的直观几何表示，这对研究函数的性质是很有帮助的. 但在复变函数中，就不能借助于同一个平面或同一个三维空间中的几何图形来表示复变函数. 因为由式子 $f(x+\mathrm{i}\,y)=u(x,y)+\mathrm{i}\,v(x,y)$ 可以看到，要画出 $w=f(z)$ 的图形，必须采用四维空间. 为了避免这个困难，可取两张复平面，分别称为 z 平面和 w 平面. 注意到，在平面上，不区分"点"和"数"，也不再区分"点集"和"数集"，把复变函数理解成两个复平面上的点集间的对应（映射或变换）.具体地说，复变函数 $w=f(z)$ 给出了从 z 平面上的点集 E 到 w 平面上的点集 F 间的一个对应关系，也可以讲，$w=f(z)$

是从 z 平面上的点集 E 到 w 平面上的点集 F 间的一种变换（见图 1–2）．与点 $z \in E$ 对应的点 $w = f(z)$ 称为点 z 的像点，同时点 z 称之为点 $w = f(z)$ 的原像.

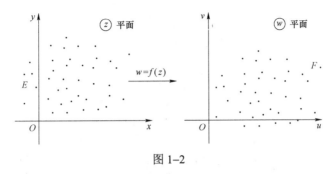

图 1–2

简单地说，复变函数的几何意义就是：它是一种变换，它把 z 平面上的点映成了 w 平面上的点；把 z 平面上的曲线变换或映成了 w 平面上的曲线；把 z 平面上的区域映成了 w 平面上的区域.

例如：函数 $w = z^2$ 把 z 平面上的点 $z = 2i$ 变换为 w 平面上的点 $w = -4$；把 z 平面上的圆 $|z| = 3$ 变换成了 w 平面上的圆 $|w| = 9$；而把 z 平面上的扇形区域

$$0 < \theta < \frac{\pi}{6},\ 0 < r < 3$$

变换成了 w 平面上的扇形区域

$$0 < \varphi < \frac{\pi}{3},\ 0 < \rho < 9$$

必须指出，像点的原像可能不只是一点．例如 $w = z^2$，则 $z = \pm 1$ 的像点均为 $w = 1$，因此 $w = 1$ 的原像是两个点 $z = \pm 1$．

三、平面向量场

复变函数不仅是一门重要的基础课程，同时它与生产实践的联系也十分密切，例如达朗贝尔及欧拉研究流体力学时发现并提出了著名的柯西–黎曼方程；茹科夫斯基应用复变函数证明了关于飞机翼升力的公式，也正是有了实践的支持才推动了复变函数论的发展．在很多学科之中都可以看到复变函数论的一些概念与结论的实际意义.

下面用复变函数来描述平面定常向量场．所谓平面定常向量场，主要有两个要求：一是这个向量场中的向量是与时间无关的；二是向量场中的向量都平行于某一平面 α，并且在垂直于 α 的任何一条直线上的所有点处，这个场中的向量都相等．如平稳流动的江水速度向量场就可视为平面定常向量场．对于更广泛一些的流体的流动问题，假设流体是质量均匀的，并且具有不可压缩性，即密度不因流体所处的位置及受到的压力而改变，不妨就假设密度为 1．流体的形式是定常的（与时间无关）平面流动．所谓平面流动是指流体在垂直于某一固定平面的直线上各点均有相同的流动情况（见图 1–3）．流体层的厚度可以不考虑，或者认为是一个单位长．这种流体的流速场就是一个平面定常向量场．

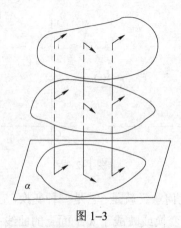

图 1-3

在适当的坐标系下，平面定常向量场可表示为

$$a = a_x(x,y)i + a_y(x,y)j \tag{1.1}$$

如果相应二维空间中的点用复数 $z = x + iy$ 表示，把基向量 i, j 分别换成实数单位 1 和虚单位 i，则向量 $a = a_x(x,y)i + a_y(x,y)j$ 就可改写为 $w = a_x(x,y) + i\,a_y(x,y)$．这样，若给定二元实函数 $a_x(x,y)$ 和 $a_y(x,y)$ 或给定了一个复变函数 $w = a_x(x,y) + i\,a_y(x,y)$，向量场（1.1）就确定了．

设平稳流动的河水的流速场为

$$v = v_x(x,y)i + v_y(x,y)j$$

这个平面场可以用复变函数

$$v = v_x(x,y) + i\,v_y(x,y)$$

来表示.

还有很多这样的例子，如平面电场等．可见，复变函数具有明确的物理意义．复变函数论是研究这些相关问题的强有力的工具，占据举足轻重的地位．

第三节　初　等　函　数

复变量初等函数是高等数学中实变量基本初等函数在复数域中的推广，经过推广后的初等复函数往往会产生一些新的性质，譬如 $w = \sin z$ 不再是有界函数，指数函数 $w = e^z$ 具有周期性等，学习时要注意研究初等复函数与对应的实函数之间的联系与发展关系．本节将讨论复数域上初等函数的定义与性质．

一、指数函数

> **定义 1.2** 设复数 $z = x + \mathrm{i}\, y$，称
> $$f(z) = \mathrm{e}^z = \mathrm{e}^x(\cos y + \mathrm{i}\sin y)$$
> 为指数函数.

类似于高等数学，可以通过极限或其他方式来引出上述定义式. 通过实践检验，这样定义是合理的，许多工程场景中都会用到它.

对于任意的实数 θ 有

$$\mathrm{e}^{\mathrm{i}\theta} = \cos\theta + \mathrm{i}\sin\theta$$

此式称为欧拉（Euler）公式.

下面介绍指数函数的一些性质. 从实指数函数推广到复指数函数，函数的性质发生了什么变化？主要有以下几点。

（1）当 z 为实数时，现在的指数函数与高等数学中的实指数函数基本是一致的，只是对于开方运算有区别.

（2）由指数的定义及欧拉公式，对任意一复数 $z = x + \mathrm{i}\, y$，有

$$\mathrm{e}^z = \mathrm{e}^{x+\mathrm{i}\,y} = \mathrm{e}^x \cdot \mathrm{e}^{\mathrm{i}\,y}$$

所以

$$\left|\mathrm{e}^z\right| = \mathrm{e}^x, \ \ \mathrm{Arg}\,\mathrm{e}^z = y + 2k\pi \ \ (k = 0, \pm 1, \pm 2, \cdots)$$

（3）考察指数的运算法则，设

$$z_1 = x_1 + \mathrm{i}\, y_1, \quad z_2 = x_2 + \mathrm{i}\, y_2$$

则

$$\mathrm{e}^{z_1} \cdot \mathrm{e}^{z_2} = \mathrm{e}^{z_1+z_2}$$

（4）由欧拉公式可知，对任意整数 k，有

$$\mathrm{e}^{2k\pi\mathrm{i}} = \cos(2k\pi) + \mathrm{i}\sin(2k\pi) = 1$$

再由

$$\mathrm{e}^{z+2k\pi\mathrm{i}} = \mathrm{e}^z \cdot \mathrm{e}^{2k\pi\mathrm{i}} = \mathrm{e}^z$$

因此 e^z 是以 $2k\pi\mathrm{i}$ $(k = \pm 1, \pm 2, \cdots)$ 为周期的函数，这一点与实变量指数函数有很大的不同.

■ **例 1.2** 利用复数的指数表达式计算 $\left(\dfrac{1-\mathrm{i}}{1+\mathrm{i}}\right)^{\frac{1}{3}}$.

解 因为

$$\left(\frac{1-i}{1+i}\right)^{\frac{1}{3}} = \left(\frac{\sqrt{2}e^{-\frac{\pi}{4}i}}{\sqrt{2}e^{\frac{\pi}{4}i}}\right)^{\frac{1}{3}} = \left(e^{-\frac{\pi}{2}i}\right)^{\frac{1}{3}}$$

$$= e^{i\left(\frac{-\pi+4k\pi}{6}\right)} \quad (k=0,1,2)$$

故所求的值有 3 个，即 $e^{-\frac{\pi}{6}i}$，$e^{\frac{\pi}{2}i}$，$e^{\frac{7\pi}{6}i}$，也就是

$$\frac{\sqrt{3}}{2} - \frac{1}{2}i，\quad i，\quad -\frac{\sqrt{3}}{2} - \frac{1}{2}i$$

二、对数函数

定义 1.3 定义对数函数是指数函数的反函数，即若
$$z = e^w \quad (z \neq 0, \infty)$$
则称 w 为 z 的对数函数，记为 $w = \text{Ln}\, z$.

下面推导 $w = \text{Ln}\, z$ 的表达式. 记
$$z = re^{i\theta}, \quad w = u + iv$$
则有
$$e^{u+iv} = re^{i\theta}$$
比较等式两边复数的模和辐角得
$$u = \ln r, v = \theta + 2k\pi \quad (k=0,\pm1,\pm2,\cdots)$$
故
$$\text{Ln}\, z = \ln r + i(\theta + 2k\pi) \quad (k=0,\pm1,\pm2,\cdots)$$
或
$$\text{Ln}\, z = \ln|z| + i\,\text{Arg}\, z = \ln|z| + i(\arg z + 2k\pi) \quad (k=0,\pm1,\pm2,\cdots)$$

因为 $\text{Arg}\, z$ 为多值函数，所以对数函数 $w = \text{Ln}\, z$ 为多值函数，并且每两个函数值相差 $2\pi i$ 的整数倍.

如果规定 $\text{Arg}\, z$ 取主值 $\arg z$，就得到 $w = \text{Ln}\, z$ 的一个单值分支，记作 $\ln z$，把它称为 $w = \text{Ln}\, z$ 的主值，因此
$$\ln z = \ln|z| + i\arg z$$

特别地，当 $z = x > 0$ 时，$w = \text{Ln}\, z$ 的主值 $\ln z = \ln x$，与实变量对数函数一致.

对数函数有以下性质.

设 $z_1, z_2 \neq 0, \infty$，则有

（1） $\text{Ln}(z_1 z_2) = \text{Ln}\, z_1 + \text{Ln}\, z_2$；

（2） $\operatorname{Ln}\left(\dfrac{z_1}{z_2}\right)=\operatorname{Ln} z_1-\operatorname{Ln} z_2$ ；

（3） $e^{\operatorname{Ln} z}=z$ ， $\operatorname{Ln} e^z=z+2k\pi i$ $(k=0,\pm1,\pm2,\cdots)$.

注意等式 $\operatorname{Ln} z^n=n\operatorname{Ln} z$ 和 $\operatorname{Ln}\sqrt[n]{z}=\dfrac{1}{n}\operatorname{Ln} z$ 不再成立，其中 n 是大于 1 的正整数.

■ **例 1.3**   计算 $\ln(-3-4i)$ 和 $\operatorname{Ln}(-3-4i)$.

解 $\ln(-3-4i)=\ln|-3-4i|+i\left(\arctan\dfrac{4}{3}-\pi\right)=\ln 5+i\left(\arctan\dfrac{4}{3}-\pi\right)$

$\operatorname{Ln}(-3-4i)=\ln 5+i\operatorname{Arg}(-3-4i)$

$\qquad=\ln 5+i\left(\arctan\dfrac{4}{3}+(2k-1)\pi\right)$ $(k=0,\pm1,\pm2,\cdots)$

■ **例 1.4**   计算 $\operatorname{Ln}(-1)$.

解 $\operatorname{Ln}(-1)=\ln|-1|+i\operatorname{Arg}(-1)$

$\qquad=(\pi+2k\pi)i=(2k+1)\pi i$ $(k=0,\pm1,\pm2,\cdots)$

三、幂函数

定义 1.4   设 α 为复常数，称
$$w=z^\alpha=e^{\alpha\operatorname{Ln} z}\quad(z\neq0,\infty)$$
为复变量 z 的幂函数.

设 $\ln z$ 表示 $\operatorname{Ln} z$ 的主值，则
$$z^\alpha=e^{\alpha\operatorname{Ln} z}=e^{\alpha[\ln z+2k\pi i]}=w_0 e^{2k\pi i\alpha}\quad(k=0,\pm1,\pm2,\cdots)$$
其中 $w_0=e^{\alpha\ln z}$.

规定：当 α 为正实数且 $z=0$ 时，$z^\alpha=0$.

由于 $\operatorname{Ln} z$ 是多值函数，所以 $e^{\alpha\operatorname{Ln} z}$ 一般也是多值函数.

现就 α 的以下三种情况予以讨论。

（1）当 α 是任一整数 n 时，由于
$$e^{2k\pi i\alpha}=e^{2(kn)\pi i}=1$$
故 z^n 是 z 的单值函数.

（2）当 α 是一有理数 $\dfrac{p}{q}$（p,q 为互素整数且 q 为正整数）时，此时
$$e^{2k\pi i\alpha}=e^{2k\pi i\frac{p}{q}}$$
只能取 q 个不同的值，可取 $k=0,1,2,\cdots,q-1$ 时的对应值，于是

$$z^{\frac{p}{q}} = w_0 e^{2k\pi i \frac{p}{q}} \quad (k=0,1,2,\cdots,q-1)$$

（3）当 α 是一无理数或虚数时，此时 $e^{2k\pi i\alpha}$ 的所有值各不相同，故这时 z^α 是 z 的多值函数.

例 1.5 计算 $(1+i)^i$ 的值.

解 $(1+i)^i = e^{i \operatorname{Ln}(1+i)} = e^{i\ln|1+i|+i[\arg(1+i)+2k\pi]}$

$$= e^{i\frac{\ln 2}{2} - \left(\frac{\pi}{4}+2k\pi\right)} = e^{-\pi\left(\frac{1}{4}+2k\right)}\left(\cos\frac{\ln 2}{2} + i\sin\frac{\ln 2}{2}\right) \quad (k=0,\pm 1,\pm 2,\cdots)$$

四、三角函数与反三角函数

根据欧拉公式

$$e^{i\theta} = \cos\theta + i\sin\theta$$

由方程组

$$\begin{cases} e^{i\theta} = \cos\theta + i\sin\theta \\ e^{-i\theta} = \cos\theta - i\sin\theta \end{cases}$$

可得

$$\sin\theta = \frac{e^{i\theta}-e^{-i\theta}}{2i}, \quad \cos\theta = \frac{e^{i\theta}+e^{-i\theta}}{2}$$

复分析中的三角函数对实三角函数应该具有兼容性，因此有如下定义.

> **定义 1.5** 设 z 为复数，称
> $$\sin z = \frac{e^{iz}-e^{-iz}}{2i}, \quad \cos z = \frac{e^{iz}+e^{-iz}}{2}$$
> 分别为 z 的正弦函数和余弦函数.

正、余弦函数的性质如下所述.

（1）当 z 为实数值时，定义 1.5 中的正、余弦函数与原来三角函数的定义是一致的.

（2）三角学中实变量的三角函数间的一些公式对复变量的三角函数仍然有效.

例如，由定义容易推得 $\sin^2 z + \cos^2 z = 1$，$\sin(z_1\pm z_2)=\sin z_1\cos z_2\pm\cos z_1\sin z_2$ 等.

（3）$\sin z$ 仅在 $z=k\pi$ 处为零，$\cos z$ 仅在 $z=\frac{\pi}{2}+k\pi$ 处为零，其中 k 为整数.

（4）$\sin z$ 与 $\cos z$ 以 $2k\pi$（k 为非零整数）为周期.

（5）$|\sin z|^2 = \sin^2 x + \operatorname{sh}^2 y$，$|\cos z|^2 = \cos^2 x + \operatorname{sh}^2 y$. 在复数范围内，不能断定 $|\sin z|\leq 1$，$|\cos z|\leq 1$.

例如，取 $z=i$，则

$$\cos i = \frac{e^{i^2}+e^{-i^2}}{2}=\frac{e^{-1}+e}{2}>1$$

另外，$\sin^2 z$ 也不一定是非负的，例如

$$\sin^2(-i)=\left[\frac{e^{i(-i)}-e^{-i(-i)}}{2i}\right]^2=\left(\frac{e-e^{-1}}{2i}\right)^2=-\frac{\left(e-e^{-1}\right)^2}{4}$$

就是一个负数.

例 1.6 计算 $\cos(1+2i)$ 的值.

解 由定义得

$$\cos(1+2i)=\frac{e^{i(1+2i)}+e^{-i(1+2i)}}{2}$$
$$=\frac{1}{2}(e^{-2}+e^2)\cos 1+\frac{i}{2}(e^{-2}-e^2)\sin 1$$

其他的三角函数及双曲函数都与高等数学中的定义形式是一致的，如双曲正弦、双曲余弦函数分别为

$$\text{sh } z=\frac{e^z-e^{-z}}{2},\quad \text{ch } z=\frac{e^z+e^{-z}}{2}$$

复变量的反三角函数与实分析的定义也是类似的.

复变量 z 的反三角函数是 $z=\sin w$，$z=\cos w$，$z=\tan w$，$z=\cot w$ 的反函数，分别记为

$$w=\text{Arcsin } z,\quad w=\text{Arccos } z,\quad w=\text{Arctan } z,\quad w=\text{Arccot } z$$

由反三角函数的定义易得：

（1）$\text{Arcsin } z=-i\text{Ln}\left(iz+\sqrt{1-z^2}\right)$；

（2）$\text{Arccos } z=-i\text{Ln}\left(z+\sqrt{z^2-1}\right)$；

（3）$\text{Arctan } z=\frac{i}{2}\text{Ln}\frac{i+z}{i-z}$；

（4）$\text{Arccot } z=-\frac{i}{2}\text{Ln}\frac{z+i}{z-i}$.

下面推导公式（1）.

因为

$$z=\sin w=\frac{1}{2i}(e^{iw}-e^{-iw})$$

所以

$$(e^{iw})^2-2zie^{iw}-1=0$$

从而

$$e^{iw} = iz + \sqrt{1-z^2}$$

故

$$w = -iLn\left(iz + \sqrt{1-z^2}\right)$$

第四节　复变函数的极限与连续性

首先给出复变函数的极限的定义及其几何解释.

一、复变函数的极限

> **定义 1.6**　设函数 $w = f(z)$ 在 z_0 点的某一去心邻域内有定义. 如果存在一确定的复数 A，对于任意给定的正数 ε，总存在一个正数 δ，使得当 z 满足 $0 < |z - z_0| < \delta$ 时，对应的函数值都满足 $|f(z) - A| < \varepsilon$，则称常数 A 为函数 $f(z)$ 当 z 趋向 z_0 时的极限，记作 $\lim\limits_{z \to z_0} f(z) = A$.

这个定义的几何意义是：在 w 平面上，对于给定的 A 的一个给定的 ε 邻域，在 z 平面上，当点 z 在 z_0 的一个充分小的 δ 邻域内时，它们的像点就在 A 的一个给定的 ε 邻域内.

极限 $\lim\limits_{z \to z_0} f(z) = A$ 与 z 趋向 z_0 的方式无关，也就是当点 z 不论以何种方式趋近于 z_0 时，$f(z)$ 的值总趋近于 A.

上述定义形式上与高等数学中的一元实函数的情况相同，因此，复变函数的极限有类似于实函数极限的性质，其证明过程也都相似. 例如，当 $\lim\limits_{z \to z_0} f(z) = A$，$\lim\limits_{z \to z_0} g(z) = B$ 时有

$$\lim\limits_{z \to z_0}[f(z) \pm g(z)] = A \pm B, \quad \lim\limits_{z \to z_0}[f(z) \cdot g(z)] = A \cdot B, \quad \lim\limits_{z \to z_0}\frac{f(z)}{g(z)} = \frac{A}{B}(B \neq 0)$$

对复变函数极限的计算可转化为对实函数极限的计算，两者之间具有如下的关系.

> **定理 1.1**　设函数 $f(z) = u(x, y) + iv(x, y)$，常数 $A = u_0 + iv_0$，$z_0 = x_0 + iy_0$，那么，极限 $\lim\limits_{z \to z_0} f(z) = A$ 的充要条件是 $\lim\limits_{\substack{x \to x_0 \\ y \to y_0}} u(x, y) = u_0$，$\lim\limits_{\substack{x \to x_0 \\ y \to y_0}} v(x, y) = v_0$.

证明 （1）必要性.

若 $\lim\limits_{z \to z_0} f(z) = A$ ，对于任意给定的正数 ε ，根据极限定义，存在一个正数 δ ，当 $0 < |z - z_0| = \sqrt{(x - x_0)^2 + (y - y_0)^2} < \delta$ 时，总有

$$|f(z) - A| = |(u + \mathrm{i}v) - (u_0 + \mathrm{i}v_0)| = \sqrt{(u - u_0)^2 + (v - v_0)^2} < \varepsilon$$

那么，当 $0 < \sqrt{(x - x_0)^2 + (y - y_0)^2} < \delta$ 时，则有 $|u - u_0| < \varepsilon, |v - v_0| < \varepsilon$ ，即

$$\lim\limits_{\substack{x \to x_0 \\ y \to y_0}} u(x, y) = u_0, \quad \lim\limits_{\substack{x \to x_0 \\ y \to y_0}} v(x, y) = v_0$$

（2）充分性.

当上面两式成立，即当 $0 < \sqrt{(x - x_0)^2 + (y - y_0)^2} < \delta$ 时，就有

$$|u - u_0| < \frac{\varepsilon}{2}, \quad |v - v_0| < \frac{\varepsilon}{2}$$

于是便有当 $0 < |z - z_0| < \delta$ 时，

$$|f(z) - A| = |(u - u_0) + \mathrm{i}(v - v_0)| \leqslant |u - u_0| + |v - v_0| < \varepsilon$$

即 $\lim\limits_{z \to z_0} f(z) = A$.

例 1.7 设 $f(z) = \dfrac{\bar{z}}{z}$ ，试证 $f(z)$ 当 $z \to 0$ 时无极限.

证明 采用复数的三角表达式讨论，令 $z = r(\cos\theta + \mathrm{i}\sin\theta)$ ，则

$$f(z) = \frac{\bar{z}}{z} = \frac{r(\cos\theta - \mathrm{i}\sin\theta)}{r(\cos\theta + \mathrm{i}\sin\theta)}$$

从而 $\lim\limits_{z = x \to 0} f(z) = 1$ （沿正实轴 $\theta = 0$)， $\lim\limits_{z = \mathrm{i}y \to 0} f(z) = -1$ ，故 $f(z)$ 在 $z \to 0$ 时无极限.

二、复变函数的连续性

定义 1.7 若 $\lim\limits_{z \to z_0} f(z) = f(z_0)$ ，则称函数 $f(z)$ 在点 z_0 处连续. 如果 $f(z)$ 在区域 D 中每一点处都连续，则称函数 $f(z)$ 在区域 D 内连续.

例 1.8 讨论函数 $f(z) = \arg z$ 的连续性.

解 对于复平面上的任意一点 z_0 ，分以下情况讨论.

（1）当 $z_0 = 0$ 时，由于 $f(z) = \arg z$ 在 $z_0 = 0$ 处无定义，故此函数在 $z_0 = 0$ 处不连续.

（2）当 z_0 是负实轴上的点时，当 z 从实轴的上方趋于 z_0 时，$\arg z$ 趋于 π ；当 z 从实轴的下方趋于 z_0 时，$\arg z$ 趋于 $-\pi$ ，故函数 $f(z) = \arg z$ 在负实轴上不连续.

（3）当 z_0 为 z 平面上除去原点和负实轴的区域内任意一点时，容易证明

$$\lim_{z \to z_0} \arg z = \arg z_0$$

所以函数 $f(z) = \arg z$ 在该区域内连续.

定理 1.2　函数 $f(z) = u(x,y) + \mathrm{i}v(x,y)$ 在 $z_0 = x_0 + \mathrm{i}y_0$ 处连续的充要条件是 $u(x,y)$ 和 $v(x,y)$ 在 (x_0, y_0) 处连续.

上面引进的复变函数的极限与连续性的定义与高等数学中一元实函数的极限与连续性的定义在形式上类似，因此高等数学中关于连续函数的和、差、积、商（分母不为 0）及复合函数仍连续的结论依然成立.

习　题　一

1. 选择题.

（1）下列哪个方程不是圆的方程（　　）.

（A）$|z - \mathrm{i}| = 1$ 　　　　　　　　　（B）$z = 1 + 2\mathrm{e}^{\mathrm{i}\theta}$

（C）$z\bar{z} + z + \bar{z} + 1 = 0$ 　　　　　（D）$|z + 1| + |z - 1| = 3$

（2）复数 $\mathrm{e}^{\mathrm{i}\pi} = $（　　）.

（A）-1 　　　　　（B）1 　　　　　（C）π 　　　　　（D）$\mathrm{i}\pi$

（3）函数 $w = z^3$ 把 z 平面上的 $z = \mathrm{i}$ 映成了 w 平面上的（　　）.

（A）-1 　　　　（B）$-\mathrm{i}$ 　　　　（C）1 　　　　（D）i

（4）极限 $\lim\limits_{z \to 0} \dfrac{\bar{z}}{z}$（　　）.

（A）等于 1 　　（B）等于 π 　　（C）等于 0 　　（D）不存在

（5）把函数 $x^2 - y^2 - \mathrm{i}(xy - x)$ 写成 z 的函数（$z = x + \mathrm{i}y$）为（　　）.

（A）$\dfrac{z^2}{4} + \dfrac{3\bar{z}^2}{4}$ 　　　　　　（B）$\dfrac{z^2}{4} + \dfrac{\bar{z}\mathrm{i}}{2} + \dfrac{z\mathrm{i}}{2}$

（C）$\dfrac{z^2}{4} + \dfrac{3\bar{z}^2}{4} + \dfrac{\bar{z}\mathrm{i}}{2} + \dfrac{z\mathrm{i}}{2}$ 　　（D）$\dfrac{z^2}{4} + \dfrac{3\bar{z}^2}{4} - \dfrac{\bar{z}\mathrm{i}}{2} - \dfrac{z\mathrm{i}}{2}\mathrm{i}$

2. 填空题.

（1）复数 $\dfrac{1}{1+\mathrm{i}}$ 的模为_____.

（2）复数 $\dfrac{1}{1-3\mathrm{i}}$ 的实部为_____，虚部_____.

（3）复数 $\dfrac{1}{\mathrm{i}} - \mathrm{i}^{100}$ 的辐角主值为_____.

（4） $\sqrt[4]{1+\mathrm{i}}$ 的值为_____．

（5）曲线 $|z-1|=4$ 的参数方程为_____．

3. 设 $w=z^3$，求：

（1） $z_1=-\mathrm{i}$，$z_2=1+\mathrm{i}$，$z_3=\sqrt{3}+\mathrm{i}$ 在 w 平面上的像；

（2）曲线 $|z|=3$ 在 w 平面上的像；

（3）区域 $0<\arg z<\dfrac{\pi}{3}$ 在 w 平面上的像．

4. 函数 $w=\dfrac{1}{z}$ 将 z 平面上的下列曲线变成 w 平面上的什么曲线（ $z=x+\mathrm{i}y$，$w=u+\mathrm{i}v$ ）？

（1） $x^2+y^2=4$；（2） $y=x$；（3） $x=1$；（4） $(x-1)^2+y^2=1$．

5. 证明：（1） $\mathrm{e}^{\frac{\pi}{2}\mathrm{i}}=\mathrm{i}$；（2） $\mathrm{e}^{z-\pi\mathrm{i}}=-\mathrm{e}^z$．

6. 证明： $(\mathrm{e}^z)^n=\mathrm{e}^{nz}$，其中 $n=0,\pm1,\pm2,\cdots$．

7. 求解下列关于 z 的方程.

（1） $\mathrm{e}^z=-1$；（2） $\mathrm{e}^z=-1+\sqrt{3}\mathrm{i}$；（3） $\mathrm{e}^{2z-1}=1$．

8. 设 $z=r\mathrm{e}^{\mathrm{i}\theta}$ 是一个非零复数，证明： $\mathrm{e}^{\ln z}=z$．

9. 计算下列函数值.

（1） $\mathrm{i}^{-2\mathrm{i}}$；（2） $(-1)^{\sqrt{2}}$；（3） $\mathrm{Ln}(1-\mathrm{i})$；（4） $\sin(-\mathrm{i})$．

10. 设 $\cos z=3$，求 z 的虚部 $\mathrm{Im}\,z$．

11. 证明： $2\sin z_1\cos z_2=\sin(z_1+z_2)+\sin(z_1-z_2)$．

12. 证明： $\lim\limits_{z\to0}\dfrac{\mathrm{Im}\,z}{z}$ 不存在．

13. 证明： $\ln z$ 在负实轴上及原点处不连续.

14. 设函数 $f(z)=\begin{cases}\dfrac{x^3y}{x^6+y^2},&z\neq0\\[2mm]0,&z=0\end{cases}$ 试证： $f(z)$ 在原点不连续.

15. 试证： $f(z)=z+\bar{z}$ 在 z 平面上处处连续.

第二章 解析函数

解析函数是复变函数论的研究对象，简单地说，它就是一类可以展开为泰勒级数的函数，它在理论和实际问题中有着广泛的应用. 本章首先引入复变函数的导数的概念，给出函数可导的充要条件；然后介绍解析函数，并讨论初等函数在复数域上的解析性；最后介绍电学中经常用到的调和函数，并探讨解析函数与调和函数的关系.

第一节 复变函数的导数

一、复变函数的导数

复变函数的导数定义在形式上和高等数学中一元函数的导数定义相一致. 因此，高等数学中一元函数的求导基本公式及求导法则等都可以直接推广到复变函数上来.

> **定义 2.1** 设函数 $w = f(z)$ 在点 z_0 的某邻域内有定义，$z_0 + \Delta z$ 是邻域内任一点，$\Delta w = f(z_0 + \Delta z) - f(z_0)$，若极限
>
> $$\lim_{\Delta z \to 0} \frac{\Delta w}{\Delta z} = \lim_{\Delta z \to 0} \frac{f(z_0 + \Delta z) - f(z_0)}{\Delta z}$$
>
> 为一有限复数，则称此极限为函数 $f(z)$ 在点 z_0 处的导数，并记为 $f'(z_0)$，即
>
> $$f'(z_0) = \lim_{\Delta z \to 0} \frac{\Delta w}{\Delta z} = \lim_{\Delta z \to 0} \frac{f(z_0 + \Delta z) - f(z_0)}{\Delta z}$$
>
> 这时称函数 $f(z)$ 在点 z_0 处可导.

复变函数的微分定义，与高等数学中微分的定义在形式上也是一致的.

函数 $f(z)$ 在点 z 处的微分为

$$\mathrm{d}w = f'(z)\mathrm{d}z$$

函数 $f(z)$ 在点 z 处可导与 $f(z)$ 在点 z 处可微是等价的.

由定义 2.1 可知，如果函数 $f(z)$ 在点 z 处可微，那么，$f(z)$ 在点 z 处就连续. 反之，函数 $f(z)$ 在点 z 处连续却不一定在点 z 处可微.

■ **例 2.1** 证明 $\left(z^2\right)' = 2z$.

证明 对于 z 平面上任意一点 z，$\Delta w = (z+\Delta z)^2 - z^2 = 2z\Delta z + (\Delta z)^2$，那么，$\lim\limits_{\Delta z \to 0} \dfrac{\Delta w}{\Delta z} =$

$\lim\limits_{\Delta z \to 0} (2z+\Delta z) = 2z$，故 $\left(z^2\right)' = 2z$.

■ **例 2.2** 证明：函数 $f(z) = \bar{z}$ 在 z 平面上处处不可微.

证明 对于 z 平面上任意一点 z，$\dfrac{\Delta f}{\Delta z} = \dfrac{\overline{z+\Delta z} - \bar{z}}{\Delta z} = \dfrac{\bar{z}+\overline{\Delta z} - \bar{z}}{\Delta z} = \dfrac{\overline{\Delta z}}{\Delta z}$，当 $\Delta z \to 0$ 时，

它的极限不存在. 因为当 Δz 取实数无限趋近于零时，$\dfrac{\Delta f}{\Delta z}$ 趋向于 1；Δz 取纯虚数无限趋

近于零时，$\dfrac{\Delta f}{\Delta z}$ 趋向于 -1，由极限的唯一性知上述极限不存在，即函数 $f(z) = \bar{z}$ 在 z 平面

上处处不可微.

■ **例 2.3** 证明：函数 $f(z) = |z|^2$ 在 $z = 0$ 处可导，且导数等于 0.

证明 $\dfrac{\Delta f}{\Delta z} = \dfrac{f(0+\Delta z) - f(0)}{\Delta z} = \dfrac{|\Delta z|^2}{\Delta z} = \overline{\Delta z}$，当 $\Delta z \to 0$ 时，$\overline{\Delta z} \to 0$，故 $f(z)$ 在 $z = 0$

处可导，且导数等于 0.

事实上，这个函数仅在 $z = 0$ 处可导，请读者自行证明.

二、四则运算法则

如果函数 $f_1(z), f_2(z)$ 在一点处可导，那么它们的和、差、积、商在这一点处也可导，且

$$[f_1(z) \pm f_2(z)]' = f_1'(z) \pm f_2'(z)$$

$$[f_1(z) \bullet f_2(z)]' = f_1'(z) \bullet f_2(z) + f_1(z) \bullet f_2'(z)$$

$$\left[\frac{f_1(z)}{f_2(z)}\right]' = \frac{f_1'(z) \bullet f_2(z) - f_1(z) \bullet f_2'(z)}{[f_2(z)]^2}，f_2(z) \neq 0$$

特别地，对于单实变量复变函数 $w(t) = u(t) + \mathrm{i}v(t)$，其导数为

$$w'(t) = u'(t) + \mathrm{i}v'(t)$$

三、复合函数的求导法则

设函数 $s = g(z)$ 在区域 D 内可导，函数 $w = f(s)$ 在区域 G 内可导，那么，复合函数 $w = f(g(z)) = h(z)$ 在区域 D 内可导，且有

$$h'(z) = [f(g(z))]' = f'(g(z))g'(z)$$

▪ **例 2.4** 求函数 $f(z) = (5z^2 + 1)^3$ 的导数.

解 由复合函数的求导法则,得

$$f'(z) = 3(5z^2 + 1)^2 \cdot \frac{\mathrm{d}}{\mathrm{d}z}(5z^2 + 1)$$

$$= 30z(5z^2 + 1)^2$$

四、复变函数的导数的几何意义

设 $w = f(z)$ 在 z_0 处可导,$w_0 = f(z_0)$,且 $f'(z_0) \neq 0$,考虑过 z_0 的一条简单光滑的曲线 C:$z(t) = x(t) + \mathrm{i}\, y(t)$ $(\alpha \leqslant t \leqslant \beta, z(t_0) = z_0)$.

函数 $w = f(z)$ 把曲线 C 映成过 $w_0 = f(z_0)$ 的一条简单曲线 L:

$$w = f(z(t))\ (\alpha \leqslant t \leqslant \beta)$$

因为 $\dfrac{\mathrm{d}w}{\mathrm{d}t} = f'(z(t))z'(t)$,则曲线 L 在 w_0 点的切线与实轴的夹角是

$$\arg[f'(z_0)z'(t_0)] = \arg f'(z_0) + \arg z'(t_0)$$

于是有

$$\arg f'(z_0) = \arg[f'(z_0)z'(t_0)] - \arg z'(t_0)$$

$\arg[f'(z_0)z'(t_0)]$(注:此处它不是狭义的辐角主值,是夹角)是曲线 L 在 w 平面上的 w_0 处 u 轴的正向与 L 之间的夹角,而 $\arg z'(t_0)$ 是曲线 C 在 z 平面上点 z_0 处 x 轴与曲线 C 之间的夹角,选定 x 轴与 u 轴、y 轴与 v 轴重叠,并分别保持方向一致. 于是,当 $f'(z_0) \neq 0$ 时,曲线 C 在 z_0 处的切线转动 $\arg f'(z_0)$ 之后与曲线 L 在 w_0 处的切线方向一致. 换句话说,$\arg f'(z_0)$ 就是曲线 C 在 z_0 处的方向角(z_0 处 x 轴与 C 的夹角)转动到曲线 L 在 w_0 处的方向角(u 轴与 L 的夹角)的转动角. 这就是当 $f'(z_0) \neq 0$ 时 $\arg f'(z_0)$ 的几何意义.

下面讨论 $|f'(z_0)|$ 的几何意义,仍然设 $f'(z_0) \neq 0$. 由导数的定义

$$f'(z_0) = \lim_{z \to z_0} \frac{f(z) - f(z_0)}{z - z_0}$$

于是 $|f'(z_0)| = \lim\limits_{z \to z_0} \dfrac{|f(z) - f(z_0)|}{|z - z_0|} = \lim\limits_{z \to z_0} \dfrac{|w - w_0|}{|z - z_0|}$,其中,$|w - w_0|$ 是 w 与 w_0 间的距离,

$|z - z_0|$ 是 z 与 z_0 间的距离,称 $\dfrac{|w - w_0|}{|z - z_0|}$ 是在映射 $\omega = f(z)$ 下线段 $\overline{z_0 - z}$(连接 z 与 z_0 的线

段)的平均伸缩率,$\lim\limits_{z \to z_0} \dfrac{|w - w_0|}{|z - z_0|}$ 是映射 $w = f(z)$ 在 z_0 处的伸缩率,当 $f'(z_0)$ 存在时,这个伸缩率与 $z \to z_0$ 的方式及所选取的方向无关,且等于 $|f'(z_0)|$. 也就是说,当 $f'(z_0) \neq 0$ 时,经过 z_0 点的任何曲线 C 在 $w = f(z)$ 映射后的伸缩率等于 $|f'(z_0)|$,与曲线 C 的形状及方向无关,在 z_0 处沿各个方向的伸缩率都等于 $|f'(z_0)|$. 导数的这个特性称为伸缩率不变性.

五、函数可导的一个充要条件

根据定义判断一个复杂函数是否可导往往十分困难，因此，人们会寻找一些更为简便的方法判断一个函数是否可导，下述定理就是一个很好的例子.

> **定理 2.1** 函数 $w = f(z) = u(x,y) + iv(x,y)$ 在点 $z = x + iy$ 处可导的充要条件是二元函数 $u(x,y)$，$v(x,y)$ 在点 (x,y) 处可微，并且在该点满足柯西－黎曼方程（简称为 C-R 方程，也称 C-R 条件）
>
> $$\frac{\partial u}{\partial x} = \frac{\partial v}{\partial y}, \ \frac{\partial u}{\partial y} = -\frac{\partial v}{\partial x} \tag{2.1}$$
>
> 当满足上述条件时，$f(z)$ 在点 $z = x + iy$ 处的导数可表示为下列形式之一：
>
> $$f'(z) = u_x + iv_x = v_y - iu_y$$
> $$= u_x - iu_y = v_y + iv_x$$

证明 （1）必要性.

设 $f(z) = u(x,y) + iv(x,y)$ 在 $z = x + iy$ 处可导，并记 $f'(z) = a + ib$，那么

$$f(z + \Delta z) - f(z) = (a + ib)\Delta z + (\alpha_1 + i\alpha_2)\rho$$
$$= (a + ib)(\Delta x + i\Delta y) + (\alpha_1 + i\alpha_2)\rho$$

其中 $f(z + \Delta z) - f(z) = \Delta u + i\Delta v, \Delta z = \Delta x + i\Delta y$，$\alpha_1$ 和 α_2 是当 $(\Delta x, \Delta y) \to (0,0)$ 时的实无穷小量，$\rho = \sqrt{(\Delta x)^2 + (\Delta y)^2}$. 比较实部和虚部，得

$$u(x + \Delta x, y + \Delta y) - u(x,y) = a\Delta x - b\Delta y + \alpha_1\rho$$
$$v(x + \Delta x, y + \Delta y) - v(x,y) = b\Delta x + a\Delta y + \alpha_2\rho$$

因此，根据二元实函数微分的定义知 $u(x,y)$，$v(x,y)$ 在点 (x,y) 处可微，并且有

$$a = \frac{\partial u}{\partial x} = \frac{\partial v}{\partial y}, -b = \frac{\partial u}{\partial y} = -\frac{\partial v}{\partial x}$$

（2）充分性.

设二元函数 $u(x,y)$，$v(x,y)$ 在点 (x,y) 处可微，且式（2.1）成立，则有

$$\Delta u = u_x(x,y)\Delta x + u_y(x,y)\Delta y + \alpha_1\rho$$
$$\Delta v = v_x(x,y)\Delta x + v_y(x,y)\Delta y + \alpha_2\rho$$

由式（2.1）可得

$$\Delta w = \Delta u + i\Delta v$$
$$= (u_x + iv_x)(\Delta x + i\Delta y) + (\alpha_1 + i\alpha_2)\rho$$

于是

$$\lim_{\Delta z \to 0} \frac{\Delta w}{\Delta z} = u_x + \mathrm{i} v_x = a + \mathrm{i} b$$

即 $f(z)$ 在点 z 处可导，且有

$$f'(z) = u_x + \mathrm{i} v_x = v_y - \mathrm{i} u_y$$
$$= u_x - \mathrm{i} u_y = v_y + \mathrm{i} v_x$$

C–R 方程很重要，但仅满足 C–R 方程是不够的，它们只是函数 $f(z)$ 在一点处可导的必要而非充分条件，函数 $f(z)$ 在一点处可导还需要函数 $u(x,y)$，$v(x,y)$ 在该点处可微. 而二元函数在某一点有偏导数并不能保证该函数在该点可微. 例如，取两个函数 $u(x,y)$，$v(x,y)$ 如下：

$$u(x,y) = v(x,y) = \begin{cases} \dfrac{xy}{x^2 + y^2}, & x^2 + y^2 \neq 0 \\ 0, & x^2 + y^2 = 0 \end{cases}$$

构造函数 $f(z) = u(x,y) + \mathrm{i} v(x,y)$，则 $f(z)$ 在 $z = 0$ 处满足

$$\frac{\partial u}{\partial x} = \frac{\partial v}{\partial y} = 0, \frac{\partial u}{\partial y} = -\frac{\partial v}{\partial x} = 0$$

但 $f(z)$ 在 $z = 0$ 处并不可导甚至是不连续的.

■ **例 2.5** 讨论函数 $f(z) = \overline{z}$ 在复平面上的可导性.

解 函数的实、虚部分别为 $u = x, v = -y$，先判断 C–R 方程是否成立. 求偏导得

$$u_x = 1, v_y = -1, u_y = 0, v_x = 0$$

$u_x \neq v_y$，显然函数 $u = x, v = -y$ 在 xy 平面处处不满足 C–R 方程，故原函数在复平面上处处不可导.

第二节　解析函数与解析性

一、解析函数的概念

定义 2.2 若函数 $w = f(z)$ 在点 z_0 的某一邻域内可微，则称函数 $f(z)$ 在点 z_0 处解析. 若函数 $w = f(z)$ 在区域 D 内处处解析，则称函数 $f(z)$ 在区域 D 内解析，或称 $f(z)$ 为区域 D 内的解析函数. 如果 $f(z)$ 在包含 $\overline{D}$ 的某区域内解析，称 $f(z)$ 在闭域 $\overline{D}$ 上解析.

若函数 $f(z)$ 在点 z_0 处不解析，则称 z_0 为函数 $f(z)$ 的奇点. 例如，$z = 0$ 就是函数 $w = \dfrac{1}{z}$ 的奇点.

可以看出，函数 $f(z)$ 在区域 D 内解析与函数 $f(z)$ 在区域 D 内处处可导是等价的.

注意：函数 $f(z)$ 在某点 z_0 处可微时，$f(z)$ 在该点处不一定解析；而称 $f(z)$ 在某点处解析，其意义是指 $f(z)$ 在该点的某一邻域内解析. 在第六章中我们会看到：如果 $f(z)$ 在某点解析，那么 $f(z)$ 在该点的某邻域内可以展开成泰勒级数.

例 2.6 求函数 $f(z)=\dfrac{z-1}{z^2+1}$ 的解析区域及该区域上的导函数.

解 函数 $f(z)=\dfrac{z-1}{z^2+1}$ 有两个奇点 $z=\pm i$，因为函数在这两点处无定义，当然在这两点处也不可导. 函数 $f(z)=\dfrac{z-1}{z^2+1}$ 在除去 $z=\pm i$ 的区域内解析.

由函数商的求导法则得 $f(z)$ 的导数为

$$f'(z)=\frac{(z-1)'(z^2+1)-(z-1)(z^2+1)'}{(z^2+1)^2}$$
$$=\frac{1+2z-z^2}{(z^2+1)^2}$$

二、函数解析的充要条件

定理 2.2 函数 $w=f(z)=u(x,y)+iv(x,y)$ 在区域 D 内解析的充要条件是二元函数 $u(x,y)$，$v(x,y)$ 在区域 D 内处处可微，而且满足 C–R 方程.

推论 2.1 设函数 $w=f(z)=u(x,y)+iv(x,y)$ 在区域 D 内有定义，如果在区域 D 内 $u(x,y)$，$v(x,y)$ 的四个偏导数 u_x,u_y,v_x,v_y 存在且连续，而且满足 C–R 方程，则 $f(z)$ 在区域 D 内解析.

定理 2.2 及推论 2.1 提供了判断函数 $f(z)$ 在区域 D 内是否解析的方法，如果 $f(z)$ 在区域 D 内满足 C–R 方程，而且四个一阶偏导数均连续，则 $f(z)$ 在区域 D 内解析.

例 2.7 讨论函数 $f(z)=e^x(\cos y+i\sin y)$ 的解析性，并证明 $f'(z)=f(z)$.

解 注意到 $u=e^x\cos y,v=e^x\sin y$，求偏导得

$$u_x=e^x\cos y,\ v_y=e^x\cos y,\ u_y=-e^x\sin y,\ v_x=e^x\sin y$$

显然，$f(z)$ 在复平面处处满足 C–R 方程，并且四个一阶偏导数均连续，由推论 2.1 知 $f(z)$ 在复平面处处解析，并且

$$f'(z)=u_x+iv_x=e^x\cos y+ie^x\sin y=f(z)$$

例 2.8 如果函数 $f(z)$ 在区域 D 内解析，且满足 $f'(z)=0$，证明 $f(z)$ 在 D 内为常数.

证明 由

$$f'(z) = \frac{\partial u}{\partial x} + i\frac{\partial v}{\partial x} = \frac{\partial v}{\partial y} - i\frac{\partial u}{\partial y} = 0$$

知

$$\frac{\partial u}{\partial x} = \frac{\partial v}{\partial y} = \frac{\partial v}{\partial x} = \frac{\partial u}{\partial y} = 0$$

故 u, v 都是常数，从而 $f(z)$ 在区域 D 内为常数.

三、初等函数的解析性

由导数的运算法则可知，某区域上的解析函数经过有限次四则运算（商运算要求分母非零）和有限次复合运算得到的函数在该区域上仍解析，解析函数的单值反函数也仍然为解析函数.

下面讨论初等函数的解析性.

（一）指数函数

指数函数 $f(z) = e^z$ 在整个复平面上解析，由例 2.7 可以看到：$\dfrac{d}{dz}(e^z) = e^z$.

（二）对数函数

函数 $w = \operatorname{Ln} z$ 的主值 $\ln z$ 及各分支在除去原点及负实轴的区域内是解析的，且有

$$\frac{d}{dz}(\operatorname{Ln} z) = \frac{1}{z}$$

（三）幂函数

对于幂函数 z^α，当 α 为正整数时，z^α 在整个复平面上解析；当 α 为负整数时，z^α 在除原点外的复平面上解析；当 α 为既约分数、无理数、复数时，z^α 作为指数函数与对数函数的复合函数，在除去负半实轴和原点的复平面上解析. 不论 α 为以上的何种情况，在解析点上都有

$$(z^\alpha)' = \alpha z^{\alpha-1}$$

（四）三角函数与双曲函数

函数 $\sin z$ 与 $\cos z$ 在复平面解析，且有 $(\sin z)' = \cos z$，$(\cos z)' = -\sin z$.
事实上

$$(\sin z)' = \left(\frac{e^{iz} - e^{-iz}}{2i}\right)' = \frac{e^{iz} + e^{-iz}}{2} = \cos z$$

同理，可证另一个. 其余三角函数的导数公式也都与高等数学中的相应公式在形式上相同.

第三节　共轭调和函数

一、调和函数的定义

平面电场中的电位函数、平面平稳流速场中的势函数与流函数都是一种特殊的二元函数，即所谓的调和函数. 调和函数常出现在流体力学、电学、磁学等实际问题中. 下面给出调和函数的定义.

> **定义 2.3**　如果二元实函数 $\varphi(x,y)$ 在区域 D 内有连续的二阶偏导数，并且满足拉普拉斯方程
>
> $$\Delta\varphi = \frac{\partial^2\varphi}{\partial x^2} + \frac{\partial^2\varphi}{\partial y^2} = 0$$
>
> 则称 $\varphi(x,y)$ 为区域 D 内的调和函数，或称二元实函数 $\varphi(x,y)$ 在区域 D 内调和.

二、调和函数与解析函数的关系

调和函数与某种解析函数有着密切的关系，下面的定理揭示了它们之间的关系.

> **定理 2.3**　设函数 $w = f(z) = u(x,y) + \mathrm{i}v(x,y)$ 在区域 D 内解析，则 $f(z)$ 的实部 $u(x,y)$ 和虚部 $v(x,y)$ 函数都是区域 D 内的调和函数.

证明　因 $f(z)$ 在区域 D 内解析，所以 $u(x,y),v(x,y)$ 在区域 D 内满足 C-R 方程

$$\frac{\partial u}{\partial x} = \frac{\partial v}{\partial y}, \qquad \frac{\partial u}{\partial y} = -\frac{\partial v}{\partial x}$$

由于某个区域上的解析函数在该区域上必有任意阶的导数（本书后面将证明这一事实），因此可对上式求偏导数

$$\frac{\partial^2 u}{\partial x^2} = \frac{\partial^2 v}{\partial y\partial x}, \quad \frac{\partial^2 u}{\partial y^2} = -\frac{\partial^2 v}{\partial x\partial y}$$

两式相加可得

$$\frac{\partial^2 u}{\partial x^2} + \frac{\partial^2 u}{\partial y^2} = 0$$

同理可得

$$\frac{\partial^2 v}{\partial x^2} + \frac{\partial^2 v}{\partial y^2} = 0$$

由调和函数的定义知，函数 $u(x,y),v(x,y)$ 是区域 D 内的调和函数.

定义 2.4 如果二元函数 $u(x,y),v(x,y)$ 是区域 D 内的调和函数，且满足 C-R 方程：

$$\frac{\partial u}{\partial x}=\frac{\partial v}{\partial y},\frac{\partial u}{\partial y}=-\frac{\partial v}{\partial x}$$

则称二元函数 $v(x,y)$ 是 $u(x,y)$ 在区域 D 内的共轭调和函数.

解析函数的虚部是实部的共轭调和函数. 反过来，由具有共轭性质的两个调和函数构造的一个复变函数是不是解析的呢？下面的定理回答了这一问题.

定理 2.4 函数 $w=f(z)=u(x,y)+\mathrm{i}v(x,y)$ 在区域 D 内解析的充要条件是在区域 D 内，$f(z)$ 的虚部 $v(x,y)$ 是实部 $u(x,y)$ 的共轭调和函数.

请大家思考：如果 $w=f(z)$ 在区域 D 内解析，那么，$u(x,y)$ 是不是 $v(x,y)$ 的共轭调和函数？进一步思考可得出什么结论？

根据定理 2.4，可利用一个调和函数和它的共轭调和函数作出一个解析函数.

由共轭调和函数的关系，如果知道了其中一个，则可以根据 C-R 方程求出另一个来. 下面举例说明如何来求.

◆ **例 2.9** 验证 $u(x,y)=y^3-3yx^2$ 是调和函数，求一解析函数 $f(z)=u(x,y)+\mathrm{i}v(x,y)$.

证明 因为

$$\frac{\partial u}{\partial x}=-6xy,\quad \frac{\partial u}{\partial y}=3y^2-3x^2,\quad \frac{\partial^2 u}{\partial x^2}=-6y,\quad \frac{\partial^2 u}{\partial y^2}=6y$$

所以

$$\frac{\partial^2 u}{\partial x^2}+\frac{\partial^2 u}{\partial y^2}=0$$

显然 $u(x,y)$ 的二阶偏导数连续，故 $u(x,y)$ 为调和函数.

解法一 偏积分法.

由 C-R 方程

$$\frac{\partial v}{\partial y}=\frac{\partial u}{\partial x}=-6xy$$

得

$$v(x,y)=\int(-6xy)\mathrm{d}y=-3xy^2+c(x)$$

其中 $c(x)$ 为任意实函数.

所以

$$\frac{\partial v}{\partial x}=-3y^2+c'(x)=-\frac{\partial u}{\partial y}=3x^2-3y^2$$

从而

$$c'(x) = 3x^2$$

那么

$$c(x) = x^3 + c \quad （c\text{ 为任意实函数}）$$

因此

$$v(x, y) = x^3 - 3xy^2 + c$$

从而得到解析函数

$$f(z) = y^3 - 3x^2 y + \mathrm{i}(x^3 - 3xy^2 + c)$$
$$= \mathrm{i}(z^3 + c)$$

解法二　也可以利用曲线积分求 $u(x, y)$ 的共轭调和函数.

从 C–R 方程知道，函数 $u(x, y)$ 决定了函数 $v(x, y)$ 的全微分，即

$$\mathrm{d}v = \frac{\partial v}{\partial x}\mathrm{d}x + \frac{\partial v}{\partial y}\mathrm{d}y = -\frac{\partial u}{\partial y}\mathrm{d}x + \frac{\partial u}{\partial x}\mathrm{d}y$$

由曲线积分的知识可知，当 D 为单连通区域时，上式右端的积分与路径无关，从而

$$v(x, y) = \int_{(x_0, y_0)}^{(x, y)} \left(-\frac{\partial u}{\partial y}\mathrm{d}x + \frac{\partial u}{\partial x}\mathrm{d}y \right) + c$$

其中 (x_0, y_0) 为 D 内一定点，c 为任意一实常数.

取 (x_0, y_0) 为坐标原点，有

$$v(x, y) = \int_{(0,0)}^{(x,0)} 3x^2\,\mathrm{d}x + \int_{(x,0)}^{(x,y)} -6xy\,\mathrm{d}y + c$$
$$= x^3 - 3xy^2 + c$$

以下的求解过程同解法一.

例 2.9 说明，已知解析函数的实部可以确定它的虚部，它们之间至多相差一个任意常数.类似地，也可以由解析函数的虚部确定它的实部.

　例 2.10　验证 $v(x, y) = \arctan \dfrac{y}{x}(x > 0)$ 在右半 z 平面内是调和函数，并求以 $v(x, y)$ 为虚部的解析函数 $f(z)$.

解　请读者自行验证 $v(x, y)$ 在右半 z 平面内是调和函数.

$$u(x, y) = \int \frac{\partial u}{\partial x}\mathrm{d}x + c(y) = \int \frac{\partial v}{\partial y}\mathrm{d}x + c(y)$$

$$= \int \frac{x}{x^2 + y^2}\mathrm{d}x + c(y) = \frac{1}{2}\ln(x^2 + y^2) + c(y)$$

又

$$\frac{\partial u}{\partial y}=\frac{y}{x^2+y^2}+c'(y)=-\frac{\partial v}{\partial x}=\frac{y}{x^2+y^2}$$

从而

$$c'(y)=0$$

即

$$c(y)=c$$

因此

$$u(x,y)=\frac{1}{2}\ln(x^2+y^2)+c$$

读者也可以利用例 2.9 中的解法二求解 $u(x,y)$.

三、平面电场的复势

在平面电场中，电通 φ 和电位 ψ 都是调和函数，它们满足拉普拉斯方程，而且电场线 $\varphi=k_1$ 和等位线 $\psi=k_2$ 相互正交．这种性质正好和一个解析函数的实部和虚部所具有的性质相符合．因此，在研究平面电场时，常将电场的电通 φ 和电位 ψ 分别看作是一个解析函数的实部和虚部，而将它们合为一个解析函数进行研究．这种由电通作实部，电位作虚部组成的解析函数

$$f(z)=\varphi(x,y)+\mathrm{i}\psi(x,y)$$

称为电场中的复势（复电位）.

如果不是利用解析函数作为研究电场的工具，则研究电场的电通和电位是孤立进行的，看不出它们的联系．如果使用解析函数，则以上缺点都可以克服，而且计算起来也较简单．反过来，如果知道了一个平面电场的复电位，则通过对其复势的实部和虚部的研究，便可以得出电场的分布情况．

注意：静电场的复势函数一定是单值函数.

▪ 例 2.11 已知一电场的电场线方程为

$$\arctan\frac{y}{x+b}-\arctan\frac{y}{x-b}=k_1$$

求其等位线方程和复势.

解 设复电位

$$f(z)=\varphi(x,y)+\mathrm{i}\psi(x,y)$$

则

$$\varphi(x,y)=\arctan\frac{y}{x+b}-\arctan\frac{y}{x-b}$$

根据 C-R 方程

$$\psi_y = \varphi_x = \frac{-y}{(x+b)^2+y^2} + \frac{y}{(x-b)^2+y^2}$$

两边对 y 积分，得

$$\psi(x,y) = \int\left[\frac{-y}{(x+b)^2+y^2} + \frac{y}{(x-b)^2+y^2}\right]\mathrm{d}y$$

$$= \frac{1}{2}\ln[(x-b)^2+y^2] - \frac{1}{2}\ln[(x+b)^2+y^2] + c(x)$$

又

$$\varphi_y = -\psi_x$$

而

$$\psi_x = \frac{x-b}{(x-b)^2+y^2} - \frac{x+b}{(x+b)^2+y^2} + c'(x)$$

$$\varphi_y = \frac{x+b}{(x+b)^2+y^2} - \frac{x-b}{(x-b)^2+y^2}$$

故

$$c'(x) = 0$$

即

$$c(x) = c \quad (\text{常数})$$

于是等位线方程为

$$\frac{1}{2}\ln[(x-b)^2+y^2] - \frac{1}{2}\ln[(x+b)^2+y^2] + c = c_1$$

或

$$\ln\sqrt{\frac{(x-b)^2+y^2}{(x+b)^2+y^2}} = k_2 \quad (k_2 = c_1 - c)$$

复势为

$$f(z) = \left(\arctan\frac{y}{x+b} - \arctan\frac{y}{x-b}\right) + \mathrm{i}\ln\sqrt{\frac{(x-b)^2+y^2}{(x+b)^2+y^2}}$$

或

$$f(z) = \mathrm{i}\ln\left(\frac{z-b}{z+b}\right)$$

这是双曲线传输线所产生的电场. $f(z)$ 的支点 $-b$ 及 $+b$ 就是这个电场的正、负电荷位置.

通过以上的讨论可知，利用解析函数对电场进行研究是十分理想的，它可以将对电场的电位和电通的研究联系起来，但找出这样的解析函数是极不容易的. 因此，一般是将问题反转过来，不是根据电场去找解析函数，而是先研究一些不同的解析函数，找出它们所表示的电场图形，再由这些电场图形推导出带电导体的形状. 如此积累了一些电场图形与解析函数之间的关系，再由这些已知的关系推出新电场的复势. 下面介绍一个由解析函数所表示的电场.

■ **例 2.12** 求由

$$f(z) = z^{\frac{1}{2}}$$

所表示的电场.

解 设

$$f(z) = u + \mathrm{i}v$$

则

$$(u + \mathrm{i}v)^2 = x + \mathrm{i}y$$

故

$$u^2 - v^2 = x, 2uv = y$$

解两式得

$$y^2 = 4u^2(u^2 - x)$$

或

$$y^2 = 4v^2(v^2 + x)$$

令 $u = k_1$，得电场线方程为

$$y^2 = 4k_1^2(k_1^2 - x)$$

即

$$y^2 = -2p(x - a) \quad (p = 2k_1^2, a = k_1^2)$$

这就是抛物线.

令

$$v = k_2$$

得等位线方程

$$y = 4k_2^2(k_2^2 + x)$$

即

$$y^2 = 2p(x + a) \quad (p = 2k_2^2, a = k_2^2)$$

这也是抛物线.

解析函数在流体力学及平面电场等场景中有着广泛的应用，利用解析函数对电场进行研究，可以将对电场的电位和电通的研究联系起来，同时也可以利用一些电场图形与解析函数之间的关系，推出新电场的复势.

解析函数是复变函数的主要研究对象. 本章的重点是：理解复变函数的导数、解析函数、调和函数等基本概念；掌握判断函数可导与解析的方法；熟悉复变量的初等函数的解析性；掌握解析函数与调和函数的关系.

习 题 二

1. 选择题.

（1）函数 $f(z) = z\bar{z}$ 在点 $z = 0$ 处是（ ）.

（A）解析的 　　　　　　　　　　（B）可导的

（C）不可导的 　　　　　　　　　（D）既不解析也不可导

（2）设 $f(z) = |z|$，下列命题中正确的是（ ）.

（A）在复平面上处处可导 　　　　（B）在复平面上处处不可导

（C）在复平面上处处解析 　　　　（D）仅在 $z = 0$ 处不可导

（3）下列命题中正确的是（ ）.

（A）设 x, y 为实数，则 $|\cos(x + \mathrm{i}y)| \leqslant 1$

（B）若 z_0 是函数 $f(z)$ 的奇点，则 $f(z)$ 在点 z_0 处不可导

（C）若 u, v 在区域 D 内满足 C–R 方程，则 $f(z) = u + \mathrm{i}v$ 在 D 内解析

（D）若 $f(z)$ 在区域 D 内解析，则 $\mathrm{i}f(z)$ 在 D 内也解析

（4）$\overline{\mathrm{e}^z} = $（ ）.

（A）e^z 　　（B）$-\mathrm{e}^z$ 　　（C）$\mathrm{e}^{\bar{z}}$ 　　（D）$\mathrm{e}^{|z|}$

（5）函数 $f(z) = z^2 \operatorname{Im} z$ 在 $z = 0$ 处的导数等于（ ）.

（A）0 　　（B）1 　　（C）-1 　　（D）不存在

（6）若函数 $f(z) = x^2 + 2xy - y^2 + \mathrm{i}(y^2 - x^2 + axy)$ 在复平面内处处解析，那么实常数 $a = $（ ）.

（A）0 　　（B）1 　　（C）2 　　（D）-2

（7）设在区域 D 内 $f'(z) \equiv 0$，则下列命题中正确的是（ ）.

（A）在区域 D 内 $f(z) \equiv 0$ 　　（B）在区域 D 内 $f(z)$ 不一定恒为常数

（C）$f(z)$ 在区域 D 内为常数 　　（D）$|f(z)|$ 是无界的

（8）设 $v(x, y)$ 在区域 D 内为 $u(x, y)$ 的共轭调和函数，则下列函数中为 D 内解析函数的是（ ）.

（A）$v(x, y) + \mathrm{i}u(x, y)$ 　　　　（B）$v(x, y) - \mathrm{i}u(x, y)$

（C）$u(x, y) - \mathrm{i}v(x, y)$ 　　　　（D）$\dfrac{\partial u}{\partial x} - \mathrm{i}\dfrac{\partial v}{\partial x}$

2. 填空题.

（1）设 $f(0)=1, f'(0)=1+\mathrm{i}$，则 $\lim\limits_{z\to 0}\dfrac{f(z)-1}{z}=$ _____.

（2）设 $f(z)=z\operatorname{Re}z$，则 $f'(0)=$ _____.

（3）设 $f(z)=2x(1-y)+\mathrm{i}(x^2-y^2+2y)$，则 $f'(1+\mathrm{i})=$ _____.

（4）设 $f(z)=\mathrm{e}^z+\mathrm{i}\,z$，则 $f'(z)=$ _____.

（5）设 $f(z)=(3z^2+1)^2+\mathrm{i}$，则 $f'(z)=$ _____.

（6）若函数 $u(x,y)=x^3+axy^2$ 为某一解析函数的虚部，则常数 $a=$ _____.

3. 下列函数在何处可导？在何处解析？

（1）$f(z)=\overline{z}\cdot z^2$.

（2）$f(z)=x^3-3xy^2+\mathrm{i}(3x^2y-y^3)$.

（3）$f(z)=\mathrm{e}^{-y}(\cos x+\mathrm{i}\sin x)$.

（4）$f(z)=x^2+\mathrm{i}y$.

（5）$f(z)=x^3+\mathrm{i}y^3$.

（6）$f(z)=xy^2+\mathrm{i}x^2y$.

4. 确定函数 $f(z)=\dfrac{1}{z^2+1}$ 的解析区域和奇点，并求出导数.

5. 若函数 $f(z)$ 在区域 D 内解析，并且 $\overline{f(z)}$ 在区域 D 内解析，证明：$f(z)$ 为常数.

6. 如果 $f(z)=u+\mathrm{i}v$ 是一解析函数，证明：$\overline{\mathrm{i}\overline{f(z)}}$ 也是解析函数.

7. 证明：$u=x^2-y^2$，$v=\dfrac{y}{x^2+y^2}$ 都是调和函数，但 $u+\mathrm{i}v$ 不是解析函数.

8. 利用导数定义证明：$\left(\dfrac{1}{z}\right)'=-\dfrac{1}{z^2}$.

9. 验证下列函数为调和函数，并由下列条件求解析函数 $f(z)=u+\mathrm{i}v$.

（1）$v=2xy+3x$.

（2）$u=\mathrm{e}^x(x\cos y-y\sin y)$，$f(0)=0$.

（3）$u=x^2+xy-y^2$，$f(\mathrm{i})=-1+\mathrm{i}$.

（4）$u=2(x-1)y$，$f(2)=-\mathrm{i}$.

（5）$u=\dfrac{y}{x^2+y^2}$；$f(1)=0$.

第三章　复变函数的积分

复变函数的积分（简称复积分）是研究解析函数的一个重要工具，解析函数的许多重要的性质都是通过复积分证明的，这一点与高等数学有着显著的不同．本章将介绍柯西积分定理、柯西积分公式及解析函数的无穷可微性等问题．

第一节　复积分的概念

一、复积分的定义

（一）单实变量复变函数的积分

首先介绍单实变量复变函数的积分．考虑单实变量复变函数 $w(t)=u(t)+\mathrm{i}\,v(t)$，设 $w(t)=u(t)+\mathrm{i}\,v(t)$ 在区间 $[a,b]$ 上连续，它在该区间上的积分定义为

$$\int_a^b w(t)\mathrm{d}t = \int_a^b u(t)\mathrm{d}t + \mathrm{i}\int_a^b v(t)\mathrm{d}t$$

如果 $\dfrac{\mathrm{d}}{\mathrm{d}t}F(t)=w(t)$，则有 $\int_a^b w(t)\mathrm{d}t = F(t)\Big|_a^b$．

（二）复变函数的积分的定义

为简便记，除特别声明外，今后所提到的曲线，一律认为它是光滑的或逐段光滑的．曲线通常还要规定其方向，对于开口弧的情形，只要指出其始点与终点就行了．对于平面区域 D 的边界曲线 C，规定 C 的正向如下：当观察者沿边界的这个方向行走时，D 内靠近行走者的部分总在其左手侧．

定义 3.1　设 C 是一条以 $z_0=a$ 为始点，$z_n=b$ 为终点的有向光滑的简单曲线，$f(z)$ 在 C 上有定义．顺着 C 的正向依次取 $z_0,z_1,\cdots,z_{n-1},z_n$ 这 $n+1$ 个分点（见图 3-1），其中 $z_m=x_m+\mathrm{i}\,y_m\ (m=0,1,\cdots,n)$，把曲线分成 n 个小弧段，再从 z_{k-1} 到 z_k 的每一弧段上任取一点 $\zeta_k=\xi_k+\mathrm{i}\eta_k$，作成和式

$$S_n = \sum_{k=1}^n f(\zeta_k)\Delta z_k$$

其中

$$\Delta z_k = z_k - z_{k-1} = \Delta x_k + \mathrm{i}\,\Delta y_k$$

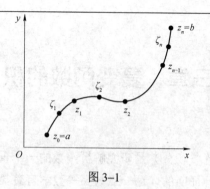

图 3-1

如果当分点无限增多，而这些弧段长度的最大值 λ 趋于零时，上述和式的极限存在，且此极限值不依赖于 ζ_k 的选择，也不依赖于 C 的分法，那么，就称此极限值为 $f(z)$ 沿 C 从 a 到 b 的复积分，记作

$$\int_C f(z)\mathrm{d}z = \lim_{\lambda \to 0} \sum_{k=1}^{n} f(\zeta_k)\Delta z_k$$

通常，复积分 $\int_C f(z)\mathrm{d}z$ 表示 $f(z)$ 沿 C 的正方向的积分，$\int_{C^-} f(z)\mathrm{d}z$ 表示 $f(z)$ 沿 C 的负方向的积分，而闭曲线的积分可表示为 $\oint_C f(z)\mathrm{d}z$.

即复积分可以归结为两个实变函数的曲线积分，根据曲线积分存在的条件可得复积分存在的条件.

定理 3.1 若 $f(z) = u(x,y) + \mathrm{i}v(x,y)$ 沿曲线 C 连续，则 $f(z)$ 沿 C 可积，且

$$\int_C f(z)\mathrm{d}z = \int_C u(x,y)\mathrm{d}x - v(x,y)\mathrm{d}y + \mathrm{i}\int_C v(x,y)\mathrm{d}x + u(x,y)\mathrm{d}y \qquad (3.1)$$

事实上，如果把 z_k，Δz_k 和 ζ_k 用实部和虚部表示，即

$$z_k = x_k + \mathrm{i}y_k, \quad \Delta z_k = z_k - z_{k-1} = \Delta x_k + \mathrm{i}\Delta y_k, \quad \zeta_k = \xi_k + \mathrm{i}\eta_k$$

$$f(z) = u(x,y) + \mathrm{i}v(x,y), \quad f(\xi_k, \eta_k) = u(\xi_k, \eta_k) + \mathrm{i}v(\xi_k, \eta_k) = u_k + \mathrm{i}v_k$$

则

$$\int_C f(z)\mathrm{d}z = \lim_{n \to \infty} \sum_{k=1}^{n} [u_k + \mathrm{i}v_k] \cdot [\Delta x_k + \mathrm{i}\Delta y_k]$$

$$= \lim_{n \to \infty} \sum_{k=1}^{n} [(u_k\Delta x_k - v_k\Delta y_k) + \mathrm{i}(v_k\Delta x_k + u_k\Delta y_k)]$$

$$= \int_C u(x,y)\mathrm{d}x - v(x,y)\mathrm{d}y + \mathrm{i}\int_C v(x,y)\mathrm{d}x + u(x,y)\mathrm{d}y$$

二、复积分计算

利用定理 3.1 可把复积分的计算转化为实定积分的计算.

设有光滑曲线 C 的参数方程为：$z = z(t) = x(t) + \mathrm{i}y(t)\ (\alpha \leqslant t \leqslant \beta)$，$f(z)$ 沿 C 连续，

将它代入式（3.1）右端，得

$$\int_C f(z)\,\mathrm{d}z = \int_\alpha^\beta [u(x(t),y(t))x'(t) - v(x(t),y(t))y'(t)]\mathrm{d}t +$$
$$\mathrm{i}\int_\alpha^\beta [v(x(t),y(t))x'(t) + u(x(t),y(t))y'(t)]\mathrm{d}t$$
$$= \int_\alpha^\beta [u(x(t),y(t)) + \mathrm{i}v(x(t),y(t))][x'(t) + \mathrm{i}y'(t)]\mathrm{d}t$$
$$= \int_\alpha^\beta f(z(t))z'(t)\,\mathrm{d}t$$

■ **例 3.1**　计算 $\int_C \bar{z}\,\mathrm{d}z$，其中积分路径 C 如图 3-2 所示.

（1）从原点到点 $1+\mathrm{i}$ 的直线段；

（2）从原点到点 A 的直线段，以及连接由点 A 到 $1+\mathrm{i}$ 的直线段所组成的折线.

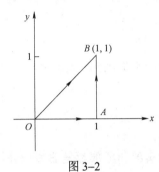

图 3-2

解　以点 z_0 为起点、以点 z_1 为终点的直线段的参数方程为 $z(t) = z_0 + \mathrm{i}(z_1 - z_0)$ $(0 \leqslant t \leqslant 1)$.

（1）连接原点及 $1+\mathrm{i}$ 的直线段的参数方程为

$$z(t) = t + \mathrm{i}t \quad (0 \leqslant t \leqslant 1)$$

那么

$$\int_c \bar{z}\,\mathrm{d}z = \int_0^1 (t - \mathrm{i}t)(1+\mathrm{i})\,\mathrm{d}t = 2\int_0^1 t\,\mathrm{d}t = 1$$

（2）连接原点到点 A 的直线段的参数方程为

$$z = t \quad (0 \leqslant t \leqslant 1)$$

连接点 A 与 $1+\mathrm{i}$ 的直线段的参数方程为

$$z(t) = 1 + (1+\mathrm{i}-1)t \quad (0 \leqslant t \leqslant 1)$$

即

$$z = 1 + \mathrm{i}t \quad (0 \leqslant t \leqslant 1)$$

故

$$\int_c \bar{z}\,\mathrm{d}z = \int_0^1 t\,\mathrm{d}t + \int_0^1 (1-\mathrm{i}t)\mathrm{i}\,\mathrm{d}t = \frac{1}{2} + \mathrm{i} + \frac{1}{2} = 1 + \mathrm{i}$$

由此例可以看出，积分路径不同，积分结果可能不同.

● 例 3.2　计算 $\oint_C \dfrac{\mathrm{d}z}{(z-z_0)^n}$，其中 n 为任意整数，C 为以 z_0 为中心、以 r 为半径的圆周.

解　C 的参数方程为

$$z = z_0 + r\mathrm{e}^{\mathrm{i}\theta} \ (0 \leqslant \theta \leqslant 2\pi)$$

代入参数方程，得

$$\oint_C \frac{\mathrm{d}z}{(z-z_0)^n} = \int_0^{2\pi} \frac{\mathrm{i}\,r\mathrm{e}^{\mathrm{i}\theta}}{r^n \mathrm{e}^{\mathrm{i}n\theta}}\mathrm{d}\theta = \frac{\mathrm{i}}{r^{n-1}} \int_0^{2\pi} \mathrm{e}^{-\mathrm{i}(n-1)\theta}\,\mathrm{d}\theta$$

$$= \frac{\mathrm{i}}{r^{n-1}} \int_0^{2\pi} \cos[(n-1)\theta]\mathrm{d}\theta + \frac{1}{r^{n-1}} \int_0^{2\pi} \sin[(n-1)\theta]\mathrm{d}\theta$$

$$= \begin{cases} 2\pi\mathrm{i}, & n=1 \\ 0, & n \neq 1 \end{cases}$$

上述结果比较重要，以后会经常被用到。该结果与积分路径圆周的中心和半径无关，请注意这一点.

三、复积分的性质

由定理 3.1 可知，复积分的实部和虚部都是曲线积分，因此，曲线积分的一些基本性质对复积分也成立.

设 $f(z)$ 与 $g(z)$ 沿曲线 C 连续，则有

（1）$\int_C af(z)\mathrm{d}z = a\int_C f(z)\mathrm{d}z$，$a$ 是复常数；

（2）$\int_C [f(z) \pm g(z)]\mathrm{d}z = \int_C f(z)\mathrm{d}z \pm \int_C g(z)\mathrm{d}z$；

（3）$\int_C f(z)\mathrm{d}z = \int_{C_1} f(z)\mathrm{d}z + \int_{C_2} f(z)\mathrm{d}z$，其中 C 由曲线 C_1 和 C_2 衔接而成；

（4）$\int_{C^-} f(z)\mathrm{d}z = -\int_C f(z)\mathrm{d}z$；

（5）$\left| \int_C f(z)\mathrm{d}z \right| \leqslant \int_C |f(z)||\mathrm{d}z| = \int_C |f(z)|\mathrm{d}s$.

这里 $|\mathrm{d}z|$ 表示弧长的微分，即

$$|\mathrm{d}z| = \sqrt{(\mathrm{d}x)^2 + (\mathrm{d}y)^2} = \mathrm{d}s$$

只要对下列不等式取极限，便可得性质（5）.

$$\left| \sum_{k=1}^{n} f(\zeta_k)\Delta z_k \right| \leqslant \sum_{k=1}^{n} |f(\zeta_k)||\Delta z_k| = \sum_{k=1}^{n} |f(\zeta_k)|\Delta s_k$$

特别地，由性质（5），若存在正数 M 使得 $|f(z)| \leqslant M$，L 为曲线 C 之长，则

$$\left| \int_C f(z)\mathrm{d}z \right| \leqslant ML$$

第二节　柯西积分定理与解析函数的积分

一、柯西积分定理

与高等数学中第二类曲线积分类似，复积分的值可能与路径有关，也可能无关，因此产生一个重要的问题：函数在什么条件下的积分值与路径无关？

既然复变函数积分可以转化为实函数线积分，那么解决复函数积分与路径无关的问题，自然就归结为解决线积分与路径无关的问题. 1825 年，法国数学家柯西解决了这个问题，他提出单连通区域内的解析函数的复积分与路径无关.它是复变函数的核心定理，常被称为柯西积分定理.

复积分可以转化为两个实变函数积分 $\int_C u\,\mathrm{d}x - v\,\mathrm{d}y$ 和 $\int_C v\,\mathrm{d}x + u\,\mathrm{d}y$，而实变函数积分 $\int_C u\,\mathrm{d}x - v\,\mathrm{d}y$ 只取决于起点和终点，而跟路径无关，也就是它沿闭合回路的积分为零的条件是偏导数 $\dfrac{\partial u}{\partial y}, \dfrac{\partial v}{\partial x}$ 连续，且在闭合回路所围闭区域上有 $\dfrac{\partial u}{\partial y} = -\dfrac{\partial v}{\partial x}$. 同理，实变函数积分 $\int_C v\,\mathrm{d}x + u\,\mathrm{d}y$ 沿闭合回路的积分为零的条件是 $\dfrac{\partial v}{\partial y}, \dfrac{\partial u}{\partial x}$ 连续，且 $\dfrac{\partial v}{\partial y} = \dfrac{\partial u}{\partial x}$. 这些条件恰好就是复变积分 $\int_C f(z)\,\mathrm{d}z$ 与路径无关的条件，亦即回路积分 $\oint_C f(z)\,\mathrm{d}z = 0$ 的条件. 以上条件正是 C–R 条件，即解析函数满足以上条件，复积分与路径无关. 由此得出以下定理.

定理 3.2（柯西积分定理） 设函数 $f(z)$ 在复平面上的单连通区域 D 内解析，那么 $f(z)$ 沿 D 内的任意一条简单闭曲线 C 的积分为零，即

$$\oint_C f(z)\,\mathrm{d}z = 0$$

证明　因 $f(z)$ 在 D 内解析，故 $f'(z)$ 存在，可以证明此时 $f'(z)$ 是连续的（证明 $f'(z)$ 连续比较复杂，从略）. 由 $f'(z)$ 的连续性可知 $f(z)$ 的实部、虚部 u 和 v 的一阶偏导数存在且连续，那么，由格林公式可得

$$\oint_C f(z)\,\mathrm{d}z = \int_C u\,\mathrm{d}x - v\,\mathrm{d}y + \mathrm{i}\int_C u\,\mathrm{d}y + v\,\mathrm{d}x$$

$$= -\iint_G \left(\frac{\partial v}{\partial x} + \frac{\partial u}{\partial y} \right)\mathrm{d}x\,\mathrm{d}y + \mathrm{i}\iint_G \left(\frac{\partial u}{\partial x} - \frac{\partial v}{\partial y} \right)\mathrm{d}x\,\mathrm{d}y$$

其中 G 为简单闭曲线 C 所围成的区域. 由于 $f(z)$ 解析，满足 C–R 方程，因此

$$\oint_C f(z)\,\mathrm{d}z = 0$$

实际上，如果函数 $f(z)$ 在简单闭曲线 C 上及其所围成的区域内解析，则有

$$\oint_C f(z)\mathrm{d}z = 0$$

例 3.3 计算积分 $\oint_C \dfrac{1}{z+1}\mathrm{d}z$，其中 C 为圆 $|z-1|=1$.

解 因为函数 $f(z)=\dfrac{1}{z+1}$ 在圆域 $|z-1|\leqslant 1$ 上解析，由柯西积分定理知

$$\oint_C \frac{1}{z+1}\mathrm{d}z = 0$$

格林公式也适用于多连通区域，类似地，也可以将柯西积分定理加以推广得到柯西积分定理复围线形式.

假设简单闭曲线 C_0 内包含了 $f(z)$ 的 n 个孤立奇点，作 n 条简单闭曲线 $C_1,C_2,\cdots,C_n$ 分别将 n 个奇点围住（ $C_1,C_2,\cdots,C_n$ 互不包含、互不相交且均在 C_0 内），把 $C_1,C_2,\cdots,C_n$ 所围区域一同挖去，容易证明

$$\oint_{C_0} f(z)\mathrm{d}z - \left[\oint_{C_1} f(z)\mathrm{d}z + \oint_{C_2} f(z)\mathrm{d}z + \cdots + \oint_{C_n} f(z)\mathrm{d}z \right] = 0$$

即

$$\oint_{C_0} f(z)\mathrm{d}z = \left[\oint_{C_1} f(z)\mathrm{d}z + \oint_{C_2} f(z)\mathrm{d}z + \cdots + \oint_{C_n} f(z)\mathrm{d}z \right]$$

定理 3.3（柯西积分定理复闭路形式） 设有 $n+1$ 条简单闭曲线 $C_0,C_1,C_2,\cdots,C_n$，其中 $C_1,C_2,\cdots,C_n$ 中的每一条均在其余各条的外部，而它们又全都在 C_0 的内部.又设 D 为由 C_0 的内部与 $C_1,C_2,\cdots,C_n$ 的外部相交的部分组成的复连通区域，若 $f(z)$ 在 D 内解析，且在闭区域 $\overline{D}$ 上连续，则

$$\oint_{C_0+C_1^-+\cdots+C_n^-} f(z)\mathrm{d}z = 0$$

即

$$\oint_{C_0} f(z)\mathrm{d}z = \left[\oint_{C_1} f(z)\mathrm{d}z + \oint_{C_2} f(z)\mathrm{d}z + \cdots + \oint_{C_n} f(z)\mathrm{d}z \right]$$

其中 $C_0,C_1,\cdots,C_n$ 均取逆时针方向.

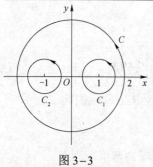

图 3-3

例 3.4 计算 $\displaystyle\int_C \dfrac{1}{z^2-1}\mathrm{d}z$，其中 C 为 $|z|=2$.

解 $f(z)=\dfrac{1}{z^2-1}$ 在 $|z|=2$ 内有两个奇点 $z=1, z=-1$，分别以 $z=1, z=-1$ 为圆心，以 $\dfrac{1}{2}$ 为半径作两个圆周 C_1,C_2 （见图 3-3），则

$$\oint_C f(z)\mathrm{d}z = \oint_{C_1} f(z)\mathrm{d}z + \oint_{C_2} f(z)\mathrm{d}z$$

由于

$$\frac{1}{z^2-1} = \frac{1}{(z+1)(z-1)} = \frac{1}{2}\left(\frac{1}{z-1} - \frac{1}{z+1}\right)$$

所以

$$\oint_C \frac{1}{z^2-1}\mathrm{d}z = \frac{1}{2}\oint_{C_1}\frac{1}{z-1}\mathrm{d}z - \frac{1}{2}\oint_{C_1}\frac{1}{z+1}\mathrm{d}z + \frac{1}{2}\oint_{C_2}\frac{1}{z-1}\mathrm{d}z - \frac{1}{2}\oint_{C_2}\frac{1}{z+1}\mathrm{d}z$$

由于 $w = \dfrac{1}{z+1}$ 在 C_1 及其内部是解析函数，所以

$$\oint_{C_1}\frac{1}{z+1}\mathrm{d}z = 0$$

由例 3.2 可得

$$\oint_{C_1}\frac{1}{z-1}\mathrm{d}z = 2\pi\mathrm{i}$$

所以

$$\oint_{C_1}\frac{1}{z^2-1}\mathrm{d}z = \frac{1}{2}\oint_{C_1}\frac{1}{z-1}\mathrm{d}z - \frac{1}{2}\oint_{C_1}\frac{1}{z+1}\mathrm{d}z = \frac{1}{2}\cdot 2\pi\mathrm{i} = \pi\mathrm{i}$$

同理可得

$$\oint_{C_2}\frac{1}{z^2-1}\mathrm{d}z = \frac{1}{2}\oint_{C_2}\frac{1}{z-1}\mathrm{d}z - \frac{1}{2}\oint_{C_2}\frac{1}{z+1}\mathrm{d}z = 0 - \frac{1}{2}\cdot 2\pi\mathrm{i} = -\pi\mathrm{i}$$

所以

$$\oint_C \frac{1}{z^2-1}\mathrm{d}z = \pi\mathrm{i} - \pi\mathrm{i} = 0$$

二、解析函数的积分

柯西积分定理实际上已经给出了积分与路径无关的充分条件. 这就是说，如果 $f(z)$ 在单连通区域 D 内解析，则沿区域 D 内的简单曲线 C 的积分

$$\int_C f(\zeta)\mathrm{d}\zeta$$

只与 C 的起点 z_0 和终点 z 有关，而与 C 的路径无关.对于这样的积分，我们约定写成

$$\int_{z_0}^z f(\zeta)\mathrm{d}\zeta$$

并把 z_0 和 z 分别称为积分的下限和上限.

对于解析函数，我们也有原函数的概念.

定义 3.2　如果函数 $F(z)$ 在单连通区域 D 内恒满足 $F'(z) = f(z)$，则称 $F(z)$ 为 $f(z)$ 在 D 内的一个原函数.

容易证明，若 $F(z)$ 是 $f(z)$ 的一个原函数，则对于任意常数 C，$F(z) + C$ 都是 $f(z)$ 的原函数；而 $f(z)$ 的所有原函数必可表示为 $F(z) + C$. 利用这个关系，可以推得与高等数学中的牛顿-莱布尼茨公式类似的解析函数的积分计算公式.

定理 3.4　设 $f(z)$ 在单连通区域 D 内解析，$F(z)$ 是 $f(z)$ 的一个原函数，则

$$\int_{z_0}^{z_1} f(z)\,\mathrm{d}z = F(z_1) - F(z_0)$$

其中 z_0，z_1 是 D 内的两个点.

有了定理 3.4，计算解析函数的复积分就方便了，高等数学中求不定积分的一套方法可以直接移植过来. 请看下列例子.

▪ **例 3.5**　计算积分 $\int_C \dfrac{1}{z^2}\,\mathrm{d}z$，其中 C 是右半圆周：$|z| = 1, \mathrm{Re}\,z \geqslant 0$，起点为 $-\mathrm{i}$，终点为 i.

解　因 $\dfrac{1}{z^2}$ 在单区域 $\mathrm{Re}\,z \geqslant 0, z \neq 0$ 内解析，由柯西积分定理知它的积分与路径无关，那么就可以利用定理 3.4 计算此积分. 于是有

$$\int_C \frac{1}{z^2}\,\mathrm{d}z = \int_{-\mathrm{i}}^{\mathrm{i}} \frac{1}{z^2}\,\mathrm{d}z = \frac{1}{-2+1} z^{-2+1}\Big|_{-\mathrm{i}}^{\mathrm{i}} = 2\mathrm{i}$$

▪ **例 3.6**　计算 $\int_0^{\mathrm{i}} z\cos z^2\,\mathrm{d}z$.

解　因为 $z\cos z^2$ 在复平面上解析，且 $\left(\dfrac{1}{2}\sin z^2\right)' = z\cos z^2$，所以 $\dfrac{1}{2}\sin z^2$ 为 $z\cos z^2$ 的一个原函数，故有

$$\int_0^{\mathrm{i}} z\cos z^2\,\mathrm{d}z = \frac{1}{2}\sin z^2\Big|_0^{\mathrm{i}} = \frac{1}{2}(\sin \mathrm{i}^2 - \sin 0) = -\frac{1}{2}\sin 1$$

▪ **例 3.7**　计算 $\int_C \ln(1+z)\,\mathrm{d}z$，其中 C 是从 $-\mathrm{i}$ 到 i 的直线段.

解　因为 $\ln(1+z)$ 在全平面除去负实轴上一段 $x \leqslant -1$ 的区域 D 内为单值解析，而区域 D 是单连通的，由定理 3.4 知

$$\int_C \ln(1+z)\,\mathrm{d}z = z\ln(1+z)\Big|_{-\mathrm{i}}^{\mathrm{i}} - \int_{-\mathrm{i}}^{\mathrm{i}} \frac{z}{1+z}\,\mathrm{d}z$$

$$= i\ln(1+i) + i\ln(1-i) - \int_{-i}^{i}\left(1 - \frac{1}{1+z}\right)dz$$

$$= i\ln(1+i) + i\ln(1-i) - [z - \ln(1+z)]\Big|_{-i}^{i}$$

$$= \left(-2 + \ln 2 + \frac{\pi}{2}\right)i$$

第三节　柯西积分公式与解析函数的高阶导数

一、柯西积分公式

利用定理 3.3 导出一个用边界上的积分表示解析函数在闭路内部值的积分公式.

> **定理 3.5**（柯西积分公式） 设简单闭曲线 C 为区域 D 的边界，$f(z)$ 在 D 内解析，在 $\overline{D} = D + C$ 上连续，则对于区域 D 内任一点 z_0，有
> $$f(z_0) = \frac{1}{2\pi i}\int_C \frac{f(z)}{z - z_0}dz$$

证明 设 z_0 为 D 内任意一点，则 $F(z) = \dfrac{f(z)}{z - z_0}$ 在 D 内除点 z_0 外均解析. 以 z_0 点为圆心，以充分小的 $\rho > 0$ 为半径作圆周 γ_ρ，使 γ_ρ 及其内部均含于 D 内，由定理 3.3 得

$$\int_C \frac{f(z)}{z - z_0}dz = \int_{\gamma_\rho} \frac{f(z)}{z - z_0}dz$$

由

$$\int_{\gamma_\rho} \frac{1}{z - z_0}dz = 2\pi i$$

得

$$2\pi i\, f(z_0) = f(z_0)\int_{\gamma_\rho} \frac{1}{z - z_0}dz$$

下面证明

$$\int_{\gamma_\rho} \frac{f(z) - f(z_0)}{z - z_0}dz = 0$$

根据 $f(z)$ 的连续性，对任意 $\varepsilon > 0$，必存在 $\delta > 0$，当 $|z - z_0| < \delta$ 时，有

$$|f(z) - f(z_0)| < \varepsilon$$

因此只要取 $\rho < \delta$，则当 z 满足 $|z - z_0| = \rho$ 时，就有

$$|f(z) - f(z_0)| < \varepsilon$$

于是

$$\left| \int_{\gamma_\rho} \frac{f(z) - f(z_0)}{z - z_0} \mathrm{d}z \right| \leqslant \int_{\gamma_\rho} \frac{|f(z) - f(z_0)|}{|z - z_0|} |\mathrm{d}z| < \int_{\gamma_\rho} \frac{\varepsilon}{\rho} |\mathrm{d}z|$$

$$= \frac{\varepsilon}{\rho} \cdot 2\pi\rho = 2\pi\varepsilon$$

故有

$$\int_{\gamma_\rho} \frac{f(z) - f(z_0)}{z - z_0} \mathrm{d}z = 0$$

即

$$\int_{\gamma_\rho} \frac{f(z)}{z - z_0} \mathrm{d}z = \int_{\gamma_\rho} \frac{f(z_0)}{z - z_0} \mathrm{d}z = 2\pi \mathrm{i} f(z_0)$$

又

$$\int_C \frac{f(z)}{z - z_0} \mathrm{d}z = \int_{\gamma_\rho} \frac{f(z)}{z - z_0} \mathrm{d}z$$

所以

$$\int_C \frac{f(z)}{z - z_0} \mathrm{d}z = 2\pi \mathrm{i} f(z_0)$$

即

$$f(z_0) = \frac{1}{2\pi \mathrm{i}} \int_C \frac{f(z)}{z - z_0} \mathrm{d}z$$

这就是柯西积分公式，它是解析函数的积分表达式，因而是今后研究解析函数各种局部性质的重要工具.

▪ **例 3.8**　计算积分 $\displaystyle\int_C \frac{z}{(z^2 + 9)(z + \mathrm{i})} \mathrm{d}z$，其中 $C: |z| = 2$.

解　因 $f(z) = \dfrac{z}{z^2 + 9}$ 在闭区域 $|z| \leqslant 2$ 上解析，由柯西积分公式得

$$\int_C \frac{z}{(z^2 + 9)(z + \mathrm{i})} \mathrm{d}z = \int_C \frac{\dfrac{z}{z^2 + 9}}{z - (-\mathrm{i})} \mathrm{d}z$$

$$= 2\pi \mathrm{i} \left. \frac{z}{z^2 + 9} \right|_{z = -\mathrm{i}} = \frac{\pi}{4}$$

例 3.9 计算积分 $\int_{|z|=2}\dfrac{z}{(z+1)(z-\mathrm{i})}\mathrm{d}z$.

解 由于被积函数在积分路径内部含有两个奇点 $z=-1$ 与 $z=\mathrm{i}$，那么挖去奇点.

作 $C_1\colon|z+1|=\dfrac{\sqrt{2}}{2},C_2\colon|z-\mathrm{i}|=\dfrac{\sqrt{2}}{2}$，有

$$\int_{|z|=2}\frac{z}{(z+1)(z-\mathrm{i})}\mathrm{d}z=\int_{C_1}\frac{z}{(z+1)(z-\mathrm{i})}\mathrm{d}z+\int_{C_2}\frac{z}{(z+1)(z-\mathrm{i})}\mathrm{d}z$$

计算上式右端两个积分，得

$$\int_{C_1}\frac{z}{(z+1)(z-\mathrm{i})}\mathrm{d}z=\int_{C_1}\frac{\frac{z}{z-\mathrm{i}}}{z+1}\mathrm{d}z=2\pi\mathrm{i}\left.\frac{z}{z-\mathrm{i}}\right|_{z=-1}=\frac{2\pi\mathrm{i}}{1+\mathrm{i}}$$

$$\int_{C_2}\frac{z}{(z+1)(z-\mathrm{i})}\mathrm{d}z=\int_{C_2}\frac{\frac{z}{z+1}}{z-\mathrm{i}}\mathrm{d}z=2\pi\mathrm{i}\left.\frac{z}{z+1}\right|_{z=\mathrm{i}}=-\frac{2\pi}{1+\mathrm{i}}$$

故

$$\int_{|z|=2}\frac{z}{(z+1)(z-\mathrm{i})}\mathrm{d}z=2\pi\mathrm{i}$$

二、解析函数的高阶导数

在高等数学中，实函数的一阶导数存在并不能保证其高阶导数存在．而在复变函数中，解析函数的任意阶导数都存在．

将柯西积分公式形式地在积分号下对 z 求导后得

$$f'(z)=\frac{1}{2\pi\mathrm{i}}\int_C\frac{f(s)}{(s-z)^2}\mathrm{d}s\ (z\in D)$$

再一次求导可得

$$f''(z)=\frac{2!}{2\pi\mathrm{i}}\int_C\frac{f(s)}{(s-z)^3}\mathrm{d}s\ (z\in D)$$

下面对这些公式的正确性加以说明.

定理 3.6 设 D 是以简单闭曲线 C 为边界的单连通区域，若 $f(z)$ 在 D 内解析，且在 $\overline{D}$ 上连续，则 $f(z)$ 在区域 D 内有各阶导数，并且有

$$f^{(n)}(z)=\frac{n!}{2\pi\mathrm{i}}\int_C\frac{f(s)}{(s-z)^{n+1}}\mathrm{d}s\quad(z\in D,\ n=1,2,\cdots)$$

上式叫作解析函数的高阶导数公式.

下面来对定理 3.6 做些分析说明.

首先，对柯西积分公式

$$f(z) = \frac{1}{2\pi i} \int_C \frac{f(s)}{s - z} \mathrm{d}s$$

两边求导，对右边交换求导与积分的次序，得一阶导数的柯西积分公式. 继续求导，重复同样的操作，即得高阶导数的柯西积分公式. 但这样的做法显然是不严格的，因为求导与积分交换次序的合法性并未得到证明. 然而，这一做法能帮助我们熟悉高阶导数公式，并使得我们能够在记得柯西积分公式的情况下立即将高阶导数公式求出来.

当 $n = 1$ 时，类似于柯西积分公式的证明过程，利用积分的估计性质可以证明公式是正确的，然后再利用数学归纳法即可证明所期望的结果. 下面简要说明 $n = 1$ 时的证明过程，对 z 和 $z + \Delta z$ 分别用柯西积分公式，可得

$$\frac{\Delta f}{\Delta z} = \frac{f(z + \Delta z) - f(z)}{\Delta z} = \frac{1}{2\pi i} \int_C \frac{f(s)}{(s - z)(s - z - \Delta z)} \mathrm{d}s$$

$\forall \varepsilon > 0$，利用积分的估计性质就可以找到 $\delta > 0$，使得

$$\left| \frac{\Delta f}{\Delta z} - \frac{1}{2\pi i} \int_C \frac{f(s)}{(s - z)^2} \mathrm{d}s \right| = \frac{1}{2\pi} \left| \int_C \frac{f(s)\Delta z}{(s - z)^2 (s - z - \Delta z)} \mathrm{d}s \right| < \varepsilon$$

证略.

可以从两方面应用高阶导数公式：一方面用求积分来代替求导数；另一方面则是用求导数的方法来计算积分，即

$$\int_C \frac{f(s)}{(s - z)^{n+1}} \mathrm{d}s = \frac{2\pi i}{n!} f^{(n)}(z)$$

从而为某些积分的计算开辟了新的途径.

▪ **例 3.10** 计算 $\int_C \frac{\sin z}{(z - i)^5} \mathrm{d}z$，其中 $C: |z - i| = 1$.

解 函数 $\sin z$ 在 $|z - i| \leqslant 1$ 上解析，由高阶导数公式得

$$\int_C \frac{\sin z}{(z - i)^5} \mathrm{d}z = \frac{2\pi i}{4!} (\sin z)^{(4)} \big|_{z=i}$$

$$= \frac{2\pi i}{4!} \sin i$$

$$= \frac{\pi}{24} (e^{-1} - e)$$

▪ **例 3.11** 计算积分 $\int_{|z|=1} \frac{e^z}{z^{100}} \mathrm{d}z$.

解 函数 $f(z) = e^z$ 在 $|z - 1| \leqslant 1$ 上解析，由高阶导数公式得

$$\int_{|z|=1} \frac{e^z}{z^{100}} \mathrm{d}z = \frac{2\pi i}{99!} (e^z)^{(99)} \big|_{z=0} = \frac{2\pi i}{99!} (e^z) \big|_{z=0} = \frac{2\pi i}{99!}$$

第四节　解析函数与复积分的应用

解析函数和复积分在流体力学中占据举足轻重的地位，下面简单介绍解析函数与复积分在流体力学中的一些应用．

流量与环量　设流体在 z 平面上某一区域 D 内流动， $v(z) = p + qi$ 是在点 z 处的流速，其中 $p = p(x,y)$ ， $q = q(x,y)$ 分别是 $v(z)$ 的水平及垂直分速，并且假定它们是连续的．

现考察流体单位时间内流过以 A 为起点， B 为终点的有向曲线 γ 一侧的流量．为此，取弧元 $\mathrm{d}s$ ， n 为其单位法向量．显然，在单位时间内流过 $\mathrm{d}s$ 的流量为 $v_n\,\mathrm{d}s$ （ v_n 是 v 在 n 上的投影），再乘以流体层的厚度及流体的密度（取厚度为一个单位长，密度为 1）．因此这个流量值就是 $v_n\,\mathrm{d}s$ ．

这里 $\mathrm{d}s$ 为切向量 $\mathrm{d}z = \mathrm{d}x + \mathrm{i}\,\mathrm{d}y$ 之长．当 v 与 n 夹角为锐角时，流量 $v_n\,\mathrm{d}s$ 为正；当夹角为钝角时，为负．

令

$$\tau = \frac{\mathrm{d}x}{\mathrm{d}s} + \mathrm{i}\frac{\mathrm{d}y}{\mathrm{d}s}$$

是顺 γ 正向的单位切向量．故 n 恰好可由 τ 旋转 $-\dfrac{\pi}{2}$ 得到，即

$$n = \mathrm{e}^{-\frac{\pi}{2}\mathrm{i}}\tau = -\mathrm{i}\tau = \frac{\mathrm{d}y}{\mathrm{d}s} - \mathrm{i}\frac{\mathrm{d}x}{\mathrm{d}s}$$

于是即得 v 在 n 上的投影为

$$v_n = v \cdot n = p\frac{\mathrm{d}y}{\mathrm{d}s} - q\frac{\mathrm{d}x}{\mathrm{d}s}$$

以 N_γ 表示单位时间内流过 γ 的流量，则

$$N_\gamma = \int_\gamma \left(p\frac{\mathrm{d}y}{\mathrm{d}s} - q\frac{\mathrm{d}x}{\mathrm{d}s} \right)\mathrm{d}s = \int_\gamma -q\,\mathrm{d}x + p\,\mathrm{d}y$$

在流体力学中，还有一个重要的概念，即流速的环量．环量定义为：流速在曲线 γ 上的切线分速沿着该曲线的积分，用 Γ_γ 表示，于是

$$\Gamma_\gamma = \int_\gamma \left(p\frac{\mathrm{d}x}{\mathrm{d}s} + q\frac{\mathrm{d}y}{\mathrm{d}s} \right)\mathrm{d}s = \int_\gamma p\,\mathrm{d}x + q\,\mathrm{d}y$$

现在可以借助于复积分来表示环量和流量．为此，以 i 乘 N_γ ，再与 Γ_γ 相加得

$$\Gamma_\gamma + \mathrm{i}N_\gamma = \int_\gamma p\,\mathrm{d}x + q\,\mathrm{d}y + \mathrm{i}\int_\gamma -q\,\mathrm{d}x + p\,\mathrm{d}y$$

$$= \int_\gamma (p - q\mathrm{i})(\mathrm{d}x + \mathrm{i}\,\mathrm{d}y)$$

即

$$\Gamma_\gamma + \mathrm{i} N_\gamma = \int_\gamma \overline{v(z)}\,\mathrm{d}z$$

称 $\overline{v(z)}$ 为复速度.

设在区域 D 内有一无源、无汇并无旋的流动，其对应的复速度为解析函数 $\overline{v(z)}$.

本章研究了解析函数的积分理论，在引入复函数积分概念与积分性质的基础上，给出了解析函数的柯西积分定理，进而得到柯西积分公式，使得闭区域上一点的函数值与其边界上的积分相联系，从而揭示了解析函数的一些内在联系.

习 题 三

1. 选择题.

（1）设 C 为从原点沿 $y^2 = x$ 至 $1+\mathrm{i}$ 的弧段，则 $\int_C (x + \mathrm{i} y^2)\,\mathrm{d}z =$ （   ）.

（A）$\dfrac{1}{6} - \dfrac{5}{6}\mathrm{i}$ （B）$-\dfrac{1}{6} + \dfrac{5}{6}\mathrm{i}$ （C）$-\dfrac{1}{6} - \dfrac{5}{6}\mathrm{i}$ （D）$\dfrac{1}{6} + \dfrac{5}{6}\mathrm{i}$

（2）设 C 为不经过点 1 与 -1 的正向简单闭曲线，则 $\oint_C \dfrac{z}{(z-1)(z+1)^2}\,\mathrm{d}z$ 为（   ）.

（A）$\dfrac{\pi\mathrm{i}}{2}$ （B）$-\dfrac{\pi\mathrm{i}}{2}$

（C）0 （D）（A）（B）（C）都有可能

（3）设 C_1: $|z| = 1$，C_2: $|z| = 3$，则 $\oint_{C = C_1^- + C_2} \dfrac{\sin z}{z^2}\,\mathrm{d}z =$ （   ）.

（A）$-2\pi\mathrm{i}$ （B）0 （C）$2\pi\mathrm{i}$ （D）$4\pi\mathrm{i}$

（4）设 C 为正向圆周 $|z| = 2$，则 $\oint_C \dfrac{\cos z}{(1-z)^2}\,\mathrm{d}z =$ （   ）.

（A）$-\sin 1$ （B）$\sin 1$ （C）$-2\pi\mathrm{i}\sin 1$ （D）$2\pi\mathrm{i}\sin 1$

（5）设 C 为正向圆周 $|z| = \dfrac{1}{2}$，则 $\oint_C \dfrac{z^3 \cos \dfrac{1}{z-2}}{(1-z)^2}\,\mathrm{d}z =$ （   ）.

（A）$2\pi\mathrm{i}(3\cos 1 - \sin 1)$ （B）0

（C）$6\pi\mathrm{i}\cos 1$ （D）$-2\pi\mathrm{i}\sin 1$

（6）设 $f(z) = \oint_{|\zeta| = 4} \dfrac{\mathrm{e}^\zeta}{\zeta - z}\,\mathrm{d}\zeta$，其中 $|z| \neq 4$，则 $f'(\pi\mathrm{i}) =$ （   ）.

（A）$-2\pi\mathrm{i}$ （B）-1 （C）$2\pi\mathrm{i}$ （D）1

（7）设 C 是从 0 到 $1 + \dfrac{\pi}{2}\mathrm{i}$ 的直线段，则积分 $\int_C z\mathrm{e}^z\,\mathrm{d}z =$ （   ）.

(A) $1-\dfrac{\pi e}{2}$ (B) $-1-\dfrac{\pi e}{2}$ (C) $1+\dfrac{\pi e}{2}i$ (D) $1-\dfrac{\pi e}{2}i$

（8）设 C 为正向圆周 $x^2+y^2-2x=0$ ，则 $\oint_C \dfrac{\sin\frac{\pi}{4}z}{z^2-1}\mathrm{d}z=$ （   ）.

(A) $\dfrac{\sqrt{2}}{2}\pi i$ (B) $\sqrt{2}\pi i$ (C) 0 (D) $-\dfrac{\sqrt{2}}{2}\pi i$

（9）设 C 为正向圆周 $|z-i|=1, a\neq i$ ，则 $\oint_C \dfrac{z\cos z}{(a-i)^2}\mathrm{d}z=$ （   ）.

(A) $2\pi i e$ (B) $\dfrac{2\pi i}{e}$ (C) 0 (D) $i\cos i$

2. 填空题.

（1）设 C 为沿原点到点 $6+8i$ 的直线段，则 $\int_C \bar{z}\mathrm{d}z=$ _____.

（2）设 C 为正向圆周 $|z-4|=1$ ，则 $\int_C \dfrac{z^2-3z+2}{(z-4)^2}\mathrm{d}z=$ _____.

（3）设 $f(z)=\oint_{|\zeta|=2}\dfrac{\sin\left(\frac{\pi}{2}\zeta\right)}{\zeta-z}\mathrm{d}\zeta$ ，其中 $|z|\neq 2$ ，则 $f'(3)=$ _____.

（4）设 C 为正向圆周 $|z|=3$ ，则 $\oint_C \dfrac{\bar{z}}{|z|}\mathrm{d}z=$ _____.

（5）设 C 为负向圆周 $|z|=4$ ，则 $\oint_C \dfrac{e^z}{(z-\pi i)^5}\mathrm{d}z=$ _____.

3. 计算下列积分.

（1）$\oint_{|z|=R}\dfrac{6z}{(z^2-1)(z+2)}\mathrm{d}z$ ，其中 $R>0, R\neq 1,2$.

（2）$\oint_{|z|=2}\dfrac{1}{z^4+2z^2+2}\mathrm{d}z$.

（3）$\oint_{|z-1|=1}\dfrac{e^z}{z-1}\mathrm{d}z$.

（4）$\oint_{|z|=2}\dfrac{e^{iz}}{z^2+1}\mathrm{d}z$.

（5）$\oint_{|z|=1}\dfrac{(z-3)^{100}}{z^{101}}\mathrm{d}z$.

（6）$\int_{|z|=2}\dfrac{\sin\left(\frac{\pi}{4}z\right)}{z^2-1}\mathrm{d}z$.

（7）$\oint_C \dfrac{\cos z}{z^3(z-1)}\mathrm{d}z$，其中曲线 C 为不经过 $z=0$，$z=1$ 的简单闭曲线.

（8）$\displaystyle\int_{|z|=1}\dfrac{1}{12z^2+(6+2\mathrm{i})z+\mathrm{i}}\mathrm{d}z$.

（9）$\displaystyle\int_{|z|=1}\dfrac{\cos(2\pi z)}{2z^2+z}\mathrm{d}z$.

4. 设 $f(z)$ 在 $|z-z_0|\leqslant R$ 上解析，试证 $f(z_0)=\dfrac{1}{2\pi}\displaystyle\int_0^{2\pi}f(z_0+R\mathrm{e}^{\mathrm{i}\theta})\mathrm{d}\theta$.

5. 设 $f(z)$ 在圆域 $|z-a|<R$ 内解析，若 $\max\limits_{|z-a|=r}|f(z)|=M(r)(0<r<R)$，证明

$$\left|f^{(n)}(a)\right|\leqslant\dfrac{n!M(r)}{r^n}(n=1,2,\cdots).$$

6. 求积分 $\oint_{|z|=1}\dfrac{\mathrm{e}^z}{z}\mathrm{d}z$，从而证明 $\displaystyle\int_0^{\pi}\mathrm{e}^{\cos\theta}\cos(\sin\theta)\mathrm{d}\theta=\pi$.

7. 设函数 $f(z)$ 在 $0<|z|<1$ 内解析，且沿任意圆周 $|z|=r$ $(0<r<1)$ 的积分为零，问 $f(z)$ 是否必须解析.

8. 计算下列积分.

（1）$\displaystyle\int_0^{\pi+2\mathrm{i}}\cos\dfrac{z}{2}\mathrm{d}z$；（2）$\displaystyle\int_{-\mathrm{i}}^{\mathrm{i}}\sin^2 z\mathrm{d}z$.

第四章　傅里叶变换

变换是灵活和有效地解决问题的重要方法，不只是在数学学科中，在其他学科中也有大量的各式各样的变换. 傅里叶变换实际上就是通过一种广义积分运算把一个信号变换成了另外一个信号的一种数学工具，它在许多科学和工程领域中都扮演着至关重要的角色，特别是在信号分析中更是不可或缺，甚至可以说信号分析实质上就是傅氏分析. 从本质上讲，傅里叶变换就是一种把复杂事物拆分成简单事物的一种变换，它有助于我们更深刻地认识事物，把握其本质属性，同时它把时域与频域有机地联系起来，把一些复杂运算转变成简单运算，更有助于我们方便地解决一些实际工程问题.

傅里叶变换在诸如计算机科学与技术、电子工程、无线电技术、力学及物理电子学等许多领域发挥了重要作用，在当今数字时代，它必将与时俱进并发挥更加重要的作用.

第一节　傅里叶级数与傅里叶变换

傅里叶变换及其逆变换单从数学方面看，实际上就是一种积分运算，是从事物的另一个角度去认识世界、改造世界的思想方法的具体体现. 高等数学中研究了一个周期函数展开为傅里叶级数的问题，但对于定义在整个实轴上的非周期函数，它是无能为力的. 下面我们将从周期函数的傅里叶级数出发，形式地推导出适用于非周期函数的傅里叶积分公式.

一、傅里叶级数

1804 年，傅里叶首次提出"在有限区间上由任意图形定义的任意函数都可以表示为单纯的正弦与余弦函数之和"，实际上这种可延拓为周期函数的函数必须满足一定的条件才能做到这一点. 我们知道，周期函数如果满足狄利克雷条件（简称狄式条件）就可以分解为一系列正、余弦函数之和. 从信号分析的角度来说就是：任何满足狄式条件的信号都可以分解成直流分量与一系列谐波分量之和.

> **定理 4.1**　设 $f_T(t)$ 是以 T 为周期的实值函数，且在 $\left[-\dfrac{T}{2}, \dfrac{T}{2}\right]$ 上满足狄式条件，即

$f_T(t)$ 在 $\left(-\dfrac{T}{2}, \dfrac{T}{2}\right]$ 上满足：

（1）连续或只有有限个第一类间断点；

（2）至多只有有限个极值点.

那么，在 $f_T(t)$ 的连续点处有

$$f_T(t) = \frac{a_0}{2} + \sum_{n=1}^{+\infty} \left(a_n \cos n\omega_0 t + b_n \sin n\omega_0 t\right) \tag{4.1}$$

其中 $\omega_0 = \dfrac{2\pi}{T}$，$a_n = \dfrac{2}{T}\displaystyle\int_{-\frac{T}{2}}^{\frac{T}{2}} f_T(t)\cos n\omega_0 t\,\mathrm{d}t\ (n=0,1,2,\cdots)$，$b_n = \dfrac{2}{T}\displaystyle\int_{-\frac{T}{2}}^{\frac{T}{2}} f_T(t)\sin n\omega_0 t\,\mathrm{d}t$

$(n=1,2,\cdots)$.

在 $f_T(t)$ 的间断点 t 处，式（4.1）的左端应为 $\dfrac{1}{2}\left[f_T(t+0) + f_T(t-0)\right]$.

从电学角度看，a_0 实际上就是信号 $f_T(t)$ 的直流分量. $a_1\cos\omega_0 t$ 与 $b_1\sin\omega_0 t$ 合成一个角频率为 $\omega_0 = \dfrac{2\pi}{T}$ 的正弦分量，称为基波分量，ω_0 为基波频率. 当 $n>1$ 时，$a_n\cos n\omega_0 t$ 与 $b_n\sin n\omega_0 t$ 合成一个角频率为 $n\omega_0$ 的正弦分量，称为 n 次谐波分量，$n\omega_0$ 称为 n 次谐波频率.

利用欧拉公式，并令

$$c_0 = \frac{a_0}{2},\ c_n = \frac{a_n - \mathrm{j}b_n}{2},\ c_{-n} = \frac{a_n + \mathrm{j}b_n}{2}\ (n=1,2,\cdots)$$

其中 j 是虚单位（电工技术中的习惯用法），即 $\mathrm{j}^2 = -1$. 可得 $f_T(t)$ 复指数形式的傅里叶级数：

$$f_T(t) = \sum_{n=-\infty}^{+\infty} c_n \mathrm{e}^{\mathrm{j}n\omega_0 t} \tag{4.2}$$

其中

$$c_n = \frac{1}{T}\int_{-\frac{T}{2}}^{\frac{T}{2}} f_T(t)\mathrm{e}^{-\mathrm{j}n\omega_0 t}\,\mathrm{d}t\ (n=0,\pm1,\pm2,\cdots) \tag{4.3}$$

将复数 c_n 写作 $c_n = r_n\mathrm{e}^{\mathrm{j}\varphi_n}$，则可得到函数的另一种三角形的傅里叶级数：

$$f_T(t) = c_0 + \sum_{n=1}^{+\infty} 2|c_n|\cos\left(n\omega_0 t + \varphi_n\right) \tag{4.4}$$

由此可见，复函数 c_n 的模与幅角反映了信号 $f_T(t)$ 的频率为 $n\omega_0$ 的简谐波的振幅与相位，它们完全刻画了信号 $f_T(t)$ 的频率特性. 所有出现的诸振动的振幅和相位的全体

称为 $f_T(t)$ 所描述的自然现象的频谱，称 c_n 为 $f_T(t)$ 的离散频谱，$|c_n|$ 为离散振幅谱，$\arg c_n$ 为离散相位谱. 信号频谱是由 c_n 所决定的，因此，对 $f_T(t)$ 的频谱分析只要讨论 $c_0, c_1, \cdots, c_n, \cdots$ 就足够了.

例 4.1 求以 T 为周期的函数

$$f_T(t) = \begin{cases} 2, & 0 < t \leqslant \dfrac{T}{2} \\ 0, & -\dfrac{T}{2} < t \leqslant 0 \end{cases}$$

的复指数形式的傅里叶级数及其振幅谱与相位谱.

解 令 $\omega_0 = \dfrac{2\pi}{T}$，当 $n = 0$ 时，

$$c_0 = \frac{1}{T} \int_{-\frac{T}{2}}^{\frac{T}{2}} f_T(t) \, \mathrm{d}t = \frac{1}{T} \int_0^{\frac{T}{2}} 2 \, \mathrm{d}t = 1$$

当 $n \neq 0$ 时，

$$\begin{aligned} c_n &= \frac{1}{T} \int_{-\frac{T}{2}}^{\frac{T}{2}} f_T(t) \mathrm{e}^{-jn\omega_0 t} \, \mathrm{d}t \\ &= \frac{2}{T} \int_0^{\frac{T}{2}} \mathrm{e}^{-jn\omega_0 t} \, \mathrm{d}t = \frac{\mathrm{j}}{n\pi} \left(\mathrm{e}^{-j\frac{n\omega_0 T}{2}} - 1 \right) \\ &= \frac{\mathrm{j}}{n\pi} \left(\mathrm{e}^{-n\pi j} - 1 \right) = \begin{cases} -\dfrac{2\mathrm{j}}{n\pi}, & n\text{为奇数} \\ 0, & n\text{为偶数} \end{cases} \end{aligned}$$

故 $f_T(t)$ 的傅里叶级数的复指数形式为

$$f_T(t) = 1 - \sum_{n=-\infty}^{+\infty} \frac{2\mathrm{j}}{(2n+1)\pi} \mathrm{e}^{j(2n+1)\omega_0 t}$$

其振幅谱为

$$|c_n| = \begin{cases} 1, & n = 0 \\ 0, & n = \pm 2, \pm 4, \cdots \\ \dfrac{2}{|n|\pi}, & n = \pm 1, \pm 3, \cdots \end{cases}$$

相位谱为

$$\arg c_n = \begin{cases} 0, & n = 0, \pm 2, \pm 4, \cdots \\ -\dfrac{\pi}{2}, & n = 1, 3, 5, \cdots \\ \dfrac{\pi}{2}, & n = -1, -3, -5, \cdots \end{cases}$$

其图形如图 4-1 所示.

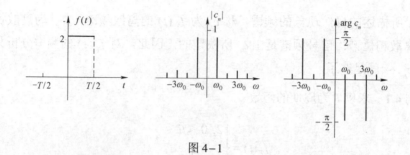

图 4-1

二、傅里叶积分公式

周期信号可以展开为傅里叶级数，那么，这种方法是否适用于非周期信号呢？下面先来直观地分析一下．从傅里叶级数可以看出，以 T 为周期的周期信号 $f_T(t)$ 所包含的频谱是离散而不是连续的，它是由一系列以 $\omega_0 = \dfrac{2\pi}{T}$ 为间隔的离散频谱所形成的简谐波合成的，因而其频谱以 ω_0 为间隔离散取值．当 T 增大时，ω_0 就减小．对于定义在实轴上的非周期信号，可以认为它只有一个跨度，也就是可以认为当 $T \to +\infty$ 时，周期信号就变成了非周期信号，其频谱将在 ω 轴上连续取值，即一个非周期信号将包含所有的频率成分．如此离散函数的求和也就相应地变成连续函数的积分了．

下面将形式地推导傅里叶积分公式．任何一个非周期信号 $f(t)$ 都可以看成是由某个周期信号 $f_T(t)$ 当 $T \to +\infty$ 时转化而来的，由式（4.2）和式（4.3）可以推得

$$f(t) = \lim_{T \to +\infty} f_T(t)$$

$$= \lim_{T \to +\infty} \sum_{n=-\infty}^{+\infty} \left[\frac{1}{T} \int_{-\frac{T}{2}}^{\frac{T}{2}} f_T(t) \mathrm{e}^{-\mathrm{j}n\omega_0 t}\,\mathrm{d}t \right] \mathrm{e}^{\mathrm{j}n\omega_0 t}$$

记 $n\omega_0 = \omega_n$，$\Delta\omega = \omega_n - \omega_{n-1}$，则 $T = \dfrac{2\pi}{\Delta\omega}$，那么

$$f(t) = \frac{1}{2\pi} \lim_{\Delta\omega \to 0} \sum_{n=-\infty}^{+\infty} \left[\int_{-\frac{\pi}{\Delta\omega}}^{\frac{\pi}{\Delta\omega}} f_T(\tau) \mathrm{e}^{-\mathrm{j}\omega_n \tau}\,\mathrm{d}\tau\, \mathrm{e}^{\mathrm{j}\omega_n t} \right] \Delta\omega$$

此式是一个和式的极限，按照积分的定义，当 $T \to +\infty$ 时，上式可写为

$$f(t) = \frac{1}{2\pi} \int_{-\infty}^{+\infty} \left[\int_{-\infty}^{+\infty} f(\tau) \mathrm{e}^{-\mathrm{j}\omega\tau}\,\mathrm{d}\tau \right] \mathrm{e}^{\mathrm{j}\omega t}\,\mathrm{d}\omega \tag{4.5}$$

这个公式称为傅里叶积分公式（简称傅氏积分公式）．注意，上述推导只是一种形式上的推导，并非严格的证明过程．下面介绍著名的傅式积分定理．

定理 4.2 若函数 $f(t)$ 在 $(-\infty, +\infty)$ 上满足下列条件：

（1）$f(t)$ 在任一有限区间上连续或只有有限个第一类间断点；

（2）$f(t)$ 在任一有限区间上至多只有有限个极值点；

（3）$f(t)$ 绝对可积，即积分 $\int_{-\infty}^{+\infty} |f(t)|\,\mathrm{d}t$ 收敛．

则积分

$$\int_{-\infty}^{+\infty} f(t) \mathrm{e}^{-\mathrm{j}\omega t} \mathrm{d} t \tag{4.6}$$

一定收敛，记 $F(\omega) = \int_{-\infty}^{+\infty} f(t) \mathrm{e}^{-\mathrm{j}\omega t} \mathrm{d} t$ ，且当 t 为 $f(t)$ 的连续点时，有

$$f(t) = \frac{1}{2\pi} \int_{-\infty}^{+\infty} \left[\int_{-\infty}^{+\infty} f(t) \mathrm{e}^{-\mathrm{j}\omega t} \mathrm{d} t \right] \mathrm{e}^{\mathrm{j}\omega t} \mathrm{d} \omega \tag{4.7}$$

当 t 为 $f(t)$ 的间断点时，式（4.7）左端换作 $\frac{1}{2}[f(t+0) + f(t-0)]$.

这个定理的条件是一种充分条件，其证明要用到较多的基础理论，这里从略.

三、傅里叶变换的定义

当 $f(t)$ 的傅里叶积分 $\int_{-\infty}^{+\infty} f(t) \mathrm{e}^{-\mathrm{j}\omega t} \mathrm{d} t$ 收敛时，它就定义了一个函数 $F(\omega)$ ，即 $F(\omega) = \int_{-\infty}^{+\infty} f(t) \mathrm{e}^{-\mathrm{j}\omega t} \mathrm{d} t$. 函数 $f(t)$ 与 $F(\omega)$ 通过傅里叶积分建立了一种对应关系，这种对应关系也可以解释为从函数 $f(t)$ 到 $F(\omega)$ 的一种变换.

定义 4.1 设 $f(t)$ 为定义在 $(-\infty, +\infty)$ 上的实值（或复值）函数，其傅里叶积分收敛. 由积分

$$F(\omega) = \int_{-\infty}^{+\infty} f(t) \mathrm{e}^{-\mathrm{j}\omega t} \mathrm{d} t \tag{4.8}$$

建立的从函数 $f(t)$ 到 $F(\omega)$ 的对应称为 $f(t)$ 的傅里叶变换（简称傅氏变换），记作 $F(\omega) = \mathscr{F}[f(t)]$. $F(\omega)$ 称为 $f(t)$ 的像函数，称由积分

$$f(t) = \frac{1}{2\pi} \int_{-\infty}^{+\infty} F(\omega) \mathrm{e}^{\mathrm{j}\omega t} \mathrm{d} \omega \tag{4.9}$$

建立的从 $F(\omega)$ 到 $f(t)$ 的对应为 $F(\omega)$ 的傅里叶逆变换（简称傅氏逆变换），记作 $f(t) = \mathscr{F}^{-1}[F(\omega)]$ ， $f(t)$ 叫作 $F(\omega)$ 的像原函数.

和周期信号类似，也可以把 $f(t)$ 写成三角函数形式：

$$\begin{aligned} f(t) &= \frac{1}{2\pi} \int_{-\infty}^{+\infty} F(\omega) \mathrm{e}^{\mathrm{j}\omega t} \mathrm{d} \omega \\ &= \frac{1}{2\pi} \int_{-\infty}^{+\infty} |F(\omega)| \mathrm{e}^{\mathrm{j}(\omega t + \varphi(\omega))} \mathrm{d} \omega \\ &= \frac{1}{\pi} \int_{0}^{+\infty} |F(\omega)| \cos(\omega t + \varphi(\omega)) \mathrm{d} \omega \end{aligned}$$

可见，非周期信号与周期信号一样，可以分解为不同频率的正弦分量. 所不同的是，非周期信号包含了从零到无穷大的所有频率分量，而 $F(\omega)$ 是 $f(t)$ 中各频率分量的分布密度，因此， $F(\omega)$ 也称为频谱密度函数（简称频谱或连续频谱），称 $|F(\omega)|$ 为振幅谱，称 $\arg F(\omega)$ 为相位谱.

▪ **例 4.2** 求矩形脉冲函数

$$f(t) = \begin{cases} 2, & |t| \leqslant 1 \\ 0, & \text{其他} \end{cases}$$

的傅里叶变换，并写出其傅里叶积分公式.

解 该函数满足傅氏积分定理的条件，其傅里叶变换为

$$F(\omega) = \int_{-\infty}^{+\infty} f(t) \mathrm{e}^{-\mathrm{j}\omega t} \, \mathrm{d} t = \int_{-1}^{1} 2 \mathrm{e}^{-\mathrm{j}\omega t} \, \mathrm{d} t$$

$$= \frac{2}{-\mathrm{j}\omega} \mathrm{e}^{-\mathrm{j}\omega t} \Big|_{-1}^{1} = -\frac{2}{\mathrm{j}\omega} (\mathrm{e}^{-\mathrm{j}\omega} - \mathrm{e}^{\mathrm{j}\omega})$$

$$= \frac{4 \sin \omega}{\omega}$$

下面根据定理 4.2 写出函数的傅里叶积分公式：

$$\frac{1}{2\pi} \int_{-\infty}^{+\infty} \frac{4}{\omega} \sin \omega \mathrm{e}^{\mathrm{j}\omega t} \, \mathrm{d}\omega$$

$$= \frac{1}{2\pi} \int_{-\infty}^{+\infty} \frac{4}{\omega} \sin \omega \cos \omega t \, \mathrm{d}\omega + \frac{\mathrm{j}}{2\pi} \int_{-\infty}^{+\infty} \frac{4}{\omega} \sin \omega \sin \omega t \, \mathrm{d}\omega$$

$$= \frac{2}{\pi} \int_{-\infty}^{+\infty} \frac{\sin \omega}{\omega} \cos \omega t \, \mathrm{d}\omega$$

$$= \frac{4}{\pi} \int_{0}^{+\infty} \frac{\sin \omega}{\omega} \cos \omega t \, \mathrm{d}\omega$$

$$= \begin{cases} 2, & |t| < 1 \\ 1, & |t| = 1 \\ 0, & \text{其他} \end{cases}$$

特别地，当上式中的 $t = 0$ 时可得重要公式：

$$\int_{0}^{+\infty} \frac{\sin x}{x} \mathrm{d} x = \frac{\pi}{2}$$

▪ **例 4.3** 求单边指数衰减信号 $f(t) = \begin{cases} \mathrm{e}^{-\beta t}, & t \geqslant 0 \\ 0, & t < 0 \end{cases}$ $(\beta > 0)$ 的傅里叶变换.

解 函数的傅里叶变换为

$$F(\omega) = \mathscr{F}[f(t)] = \int_{-\infty}^{+\infty} f(t) \mathrm{e}^{-\mathrm{j}\omega t} \, \mathrm{d} t$$

$$= \int_{0}^{+\infty} \mathrm{e}^{-(\beta + \mathrm{j}\omega)t} \, \mathrm{d} t = \frac{1}{-(\beta + \mathrm{j}\omega)} \mathrm{e}^{-(\beta + \mathrm{j}\omega)t} \Big|_{0}^{+\infty}$$

考虑到 $\lim\limits_{t \to +\infty} \left| \mathrm{e}^{-(\beta + \mathrm{j}\omega)t} \right| = \lim\limits_{t \to +\infty} \mathrm{e}^{-\beta t} = 0$，故有

$$F(\omega) = \int_{-\infty}^{+\infty} f(t) \mathrm{e}^{-\mathrm{j}\omega t}\,\mathrm{d}t$$

$$= \int_{0}^{+\infty} \mathrm{e}^{-(\beta+\mathrm{j}\omega)t}\,\mathrm{d}t = \frac{1}{\beta+\mathrm{j}\omega}$$

例 4.4 已知 $F(\omega) = \begin{cases} 1, & |\omega| < \alpha \\ 0, & |\omega| \geqslant \alpha \end{cases}$ $(\alpha > 0)$，求 $F(\omega)$ 的像原函数 $f(t)$．

解 $F(\omega)$ 的像原函数为

$$f(t) = \mathscr{F}^{-1}\big[F(\omega)\big] = \frac{1}{2\pi}\int_{-\infty}^{+\infty} F(\omega)\mathrm{e}^{\mathrm{j}\omega t}\,\mathrm{d}\omega$$

$$= \frac{1}{2\pi}\int_{-\alpha}^{+\alpha} \mathrm{e}^{\mathrm{j}\omega t}\,\mathrm{d}\omega = \frac{\sin\alpha t}{\pi t}$$

$$= \frac{\alpha}{\pi} \cdot \frac{\sin\alpha t}{\alpha t}$$

习惯上记 $s_a(t) = \dfrac{\sin t}{t}$ ，则 $f(t) = \dfrac{\alpha}{\pi} s_a(\alpha t)$ ．当 $t = 0$ 时，补充定义 $f(0) = \dfrac{\alpha}{\pi}$ ．信号 $\dfrac{\alpha}{\pi} s_a(\alpha t)$ 就是著名的抽样信号，由于其频谱的特殊性，其在连续时间信号的离散化、离散时间信号的恢复及信号滤波中都发挥了重要作用．

第二节 单位脉冲函数

许多事物短时间内不会产生剧烈的变化，但有些情况下则不然．工程应用中，有许多现象需要用一个时间极短，但取值极大的函数模型来描述．例如集中于一点的质量问题，瞬时冲击力，在原来电流为零的电路中某一瞬间进入一单位电量的脉冲，等等．这些物理现象都具有一种脉冲特征，它们很难用常规的函数形式来描述，而需要引进一种新的函数，就是单位脉冲函数．

例 4.5 把长度为 λ 的均匀细杆放在 x 轴的 $[0, \lambda]$ 上，设其质量为 1，则细杆的线密度 $\rho_\lambda(x)$ 为

$$\rho_\lambda(x) = \begin{cases} \dfrac{1}{\lambda}, & 0 \leqslant x \leqslant \lambda \\ 0, & \text{其他} \end{cases}$$

如果把单位质量的质点放置在坐标原点，则可以认为它相当于上面的细杆取 $\lambda \to 0^+$ 的结果，那么，质点的密度函数 $\rho(x)$ 就成了

$$\rho(x) = \begin{cases} \infty, & x = 0 \\ 0, & \text{其他} \end{cases}$$

另外，质点的质量又可以表示为积分的形式，就是说 $\rho(x)$ 还应该满足 $\int_{-\infty}^{+\infty} \rho(x)\,\mathrm{d}x = 1$．

这种函数不是常规意义下的函数，而是一种广义函数，它就是所谓的单位脉冲函数，又称狄拉克函数或 δ 函数.

一、单位脉冲函数的定义

单位脉冲函数有多种定义形式，下面给出的是工程上常用的一种比较直观的定义形式.

定义 4.2 满足以下两个条件：

（1） $\delta(t) = \begin{cases} \infty, & t = 0 \\ 0, & t \neq 0 \end{cases}$

（2） $\displaystyle\int_{-\infty}^{+\infty} \delta(t)\,\mathrm{d}t = 1$

的函数称为单位脉冲函数，又称 δ 函数.

单位脉冲函数还可以采用以下形式定义.

考虑函数

$$\delta_\lambda(t) = \begin{cases} \dfrac{1}{\lambda}, & 0 \leqslant t \leqslant \lambda \\ 0, & 其他 \end{cases}$$

当 $\lambda \to 0^+$ 时，上述函数的极限 $\delta(t) = \lim\limits_{\lambda \to 0^+} \delta_\lambda(t)$ 称为 δ 函数.

就是说，δ 函数可以直观地理解为 $\delta(t) = \lim\limits_{\lambda \to 0^+} \delta_\lambda(t)$，其中 $\delta_\lambda(t)$ 是如图 4-2 所示以 λ 为宽、以 $\dfrac{1}{\lambda}$ 为高的矩形脉冲函数.

应用中，人们常用一个长度为 1 的有向线段来表示 δ 函数（见图 4-3），这个线段表示 δ 函数的积分值，称为函数的强度.

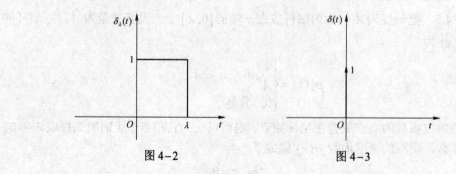

图 4-2   图 4-3

下面直接给出 δ 函数的几个基本性质.

性质 4.1（筛选性质） 对任意连续函数 $f(t)$，有

$$\int_{-\infty}^{+\infty} \delta(t) f(t) \, \mathrm{d}t = f(0) \tag{4.10}$$

$$\int_{-\infty}^{+\infty} \delta(t-t_0) f(t) \, \mathrm{d}t = f(t_0) \tag{4.11}$$

事实上，因为

$$\begin{aligned}
\int_{-\infty}^{+\infty} \delta(t) f(t) \mathrm{d}t &= \int_{-\infty}^{+\infty} \lim_{\lambda \to 0^+} \delta_\lambda(t) f(t) \mathrm{d}t \\
&= \lim_{\lambda \to 0^+} \int_0^\lambda \lambda^{-1} f(t) \mathrm{d}t \\
&= \lim_{\lambda \to 0^+} f(\theta\lambda) = f(0) \quad (0 < \theta < 1)
\end{aligned}$$

所以

$$\int_{-\infty}^{+\infty} \delta(t) f(t) \, \mathrm{d}t = f(0)$$

性质 4.2 δ 函数为偶函数，即 $\delta(-t) = \delta(t)$．

性质 4.3 设 $u(t)$ 为单位阶跃函数，即

$$u(t) = \begin{cases} 1, & t > 0 \\ 0, & t < 0 \end{cases}$$

则有 $\int_{-\infty}^{t} \delta(t) \, \mathrm{d}t = u(t)$，$\dfrac{\mathrm{d}u(t)}{\mathrm{d}t} = \delta(t)$．

二、单位脉冲函数的傅氏变换

根据 δ 函数的筛选性质，容易得出 δ 函数的傅氏变换为

$$\mathscr{F}[\delta(t)] = \int_{-\infty}^{+\infty} \delta(t) \mathrm{e}^{-\mathrm{j}\omega t} \, \mathrm{d}t = \mathrm{e}^{-\mathrm{j}\omega t} \big|_{t=0} = 1$$

即当 $\delta(t)$ 与 $F(\omega) = 1$ 构成一傅氏变换时，按傅氏积分公式有

$$\frac{1}{2\pi} \int_{-\infty}^{+\infty} \mathrm{e}^{\mathrm{j}\omega t} \, \mathrm{d}\omega = \delta(t) \tag{4.12}$$

这是一个关于 δ 函数的重要公式．

式（4.12）并不是常规意义下的积分问题，故也称 $\delta(t)$ 的傅氏变换为一种广义傅氏变换．在工程技术中，有许多信号并不满足绝对可积条件，如单位阶跃信号及正、余弦信号等，然而利用 δ 函数的傅氏变换就可以求出它们的傅氏变换，从这个角度也可以看出引进 δ 函数的重要性．

■ **例 4.6** 分别求出函数 $f_1(t) = 1$ 与函数 $f_2(t) = \mathrm{e}^{\mathrm{j}\omega_0 t}$ 的傅氏变换．

解 利用式（4.12）容易求得两函数的傅氏变换

$$F_1(\omega) = \mathscr{F}\left[f_1(t)\right] = \int_{-\infty}^{+\infty} e^{-j\omega t}\, dt = 2\pi\delta(\omega)$$

$$F_2(\omega) = \mathscr{F}[f_2(t)] = \int_{-\infty}^{+\infty} e^{j\omega_0 t} e^{-j\omega t}\, dt = \int_{-\infty}^{+\infty} e^{j(\omega_0-\omega)t}\, dt = 2\pi\delta(\omega_0-\omega) = 2\pi\delta(\omega-\omega_0)$$

▪ **例 4.7** 证明单位阶跃函数 $u(t)$ 与 $F(\omega) = \dfrac{1}{j\omega} + \pi\delta(\omega)$ 是一组傅氏变换对.

证明 $F(\omega) = \dfrac{1}{j\omega} + \pi\delta(\omega)$ 的傅氏逆变换为

$$f(t) = \frac{1}{2\pi}\int_{-\infty}^{+\infty}\left[\frac{1}{j\omega} + \pi\delta(\omega)\right]e^{j\omega t}\, d\omega$$

$$= \frac{1}{2\pi}\int_{-\infty}^{+\infty}\pi\delta(\omega)e^{j\omega t}\, d\omega + \frac{1}{2\pi}\int_{-\infty}^{+\infty}\frac{e^{j\omega t}}{j\omega}\, d\omega$$

$$= \frac{1}{2} + \frac{1}{\pi}\int_{0}^{+\infty}\frac{\sin\omega t}{\omega}\, d\omega$$

由重要公式 $\displaystyle\int_{0}^{+\infty}\frac{\sin x}{x}\, dx = \frac{\pi}{2}$ 可得

$$f(t) = u(t) = \begin{cases} 1, & t > 0 \\ 0, & t < 0 \end{cases}$$

故 $u(t)$ 与 $F(\omega) = \dfrac{1}{j\omega} + \pi\delta(\omega)$ 是一组傅氏变换对.

▪ **例 4.8** 求 $f(t) = \cos\omega_0 t$ 的傅氏变换.

解 由傅氏变换的定义和式（4.11）得

$$F(\omega) = \mathscr{F}[f(t)] = \int_{-\infty}^{+\infty} e^{-j\omega t}\cos\omega_0 t\, dt$$

$$= \frac{1}{2}\int_{-\infty}^{+\infty}(e^{j\omega_0 t} + e^{-j\omega_0 t})e^{-j\omega t}\, dt$$

$$= \frac{1}{2}\int_{-\infty}^{+\infty}(e^{-j(\omega-\omega_0)t} + e^{-j(\omega+\omega_0)t})\, dt$$

$$= \pi[\delta(\omega-\omega_0) + \delta(\omega+\omega_0)]$$

第三节　傅里叶变换的性质

本节介绍傅氏变换的一些重要性质，为叙述方便，假设所涉及的函数的傅氏变换均存在.

一、基本性质

（一）线性性质

设 $F(\omega) = \mathscr{F}[f(t)]$，$G(\omega) = \mathscr{F}[g(t)]$，$\alpha$，$\beta$ 为常数，则

$$\mathscr{F}[\alpha f(t) + \beta g(t)] = \alpha F(\omega) + \beta G(\omega) \tag{4.13}$$

$$\mathscr{F}^{-1}[\alpha F(\omega) + \beta G(\omega)] = \alpha f(t) + \beta g(t) \tag{4.14}$$

此性质可由傅氏变换、傅氏逆变换的定义直接推出.

例 4.9 求函数 $F(\omega) = \dfrac{1}{(1 + j\omega)(2 + j\omega)}$ 的傅氏逆变换.

解 因为 $\dfrac{1}{(1 + j\omega)(2 + j\omega)} = \dfrac{(2 + j\omega) - (1 + j\omega)}{(1 + j\omega)(2 + j\omega)} = \dfrac{1}{1 + j\omega} - \dfrac{1}{2 + j\omega}$

上式右端的两项恰为单边指数衰减信号的傅氏变换，即

$$\mathscr{F}^{-1}\left[\frac{1}{1 + j\omega}\right] = \begin{cases} e^{-t}, & t \geqslant 0 \\ 0, & t < 0 \end{cases}$$

$$\mathscr{F}^{-1}\left[\frac{1}{2 + j\omega}\right] = \begin{cases} e^{-2t}, & t \geqslant 0 \\ 0, & t < 0 \end{cases}$$

由傅氏变换的线性性质可得 $\mathscr{F}^{-1}[F(\omega)] = \begin{cases} e^{-t} - e^{-2t}, & t \geqslant 0 \\ 0, & t < 0 \end{cases}$

（二）位移性质

设 $F(\omega) = \mathscr{F}[f(t)]$，$t_0$ 和 ω_0 是实常数，则

$$\mathscr{F}[f(t - t_0)] = e^{-j\omega t_0} F(\omega) \tag{4.15}$$

$$\mathscr{F}^{-1}[F(\omega - \omega_0)] = e^{j\omega_0 t} f(t) \tag{4.16}$$

证明 $\mathscr{F}^{-1}[F(\omega - \omega_0)] = \dfrac{1}{2\pi} \displaystyle\int_{-\infty}^{+\infty} F(\omega - \omega_0) e^{j\omega t} \, d\omega$

$$= \frac{1}{2\pi} \int_{-\infty}^{+\infty} F(\omega - \omega_0) e^{j(\omega - \omega_0)t} e^{j\omega_0 t} \, d(\omega - \omega_0)$$

$$= e^{j\omega_0 t} \mathscr{F}^{-1}[F(\omega)]$$

式（4.15）可类似证明之.

式（4.15）说明，当一信号沿时间轴移动时，它的各频率成分的大小并不变，只是相位谱产生了 $-\omega_0 t$ 的附加变化，而式（4.16）则常被用作频谱搬移，这一技术在通信系统中有着广泛的应用.

（三）相似性质

设 $F(\omega) = \mathscr{F}[f(t)]$，则

$$\mathscr{F}[f(at)]=\frac{1}{|a|}F\left(\frac{\omega}{a}\right) \quad (a \neq 0) \tag{4.17}$$

证明　$\mathscr{F}[f(at)]=\displaystyle\int_{-\infty}^{+\infty}f(at)\mathrm{e}^{-\mathrm{j}\omega t}\,\mathrm{d}t$

$$=\frac{1}{a}\int_{-\infty}^{+\infty}f(at)\mathrm{e}^{-\mathrm{j}\frac{\omega}{a}\cdot at}\,\mathrm{d}(at)$$

$$=\begin{cases}\dfrac{1}{a}F\left(\dfrac{\omega}{a}\right),\ a>0 \\[2mm] -\dfrac{1}{a}F\left(\dfrac{\omega}{a}\right),\ a<0\end{cases}$$

相似性质表明，信号在时域中被压缩 $(a>1)$ 等效于在频域中扩展，反之，信号在时域中被扩展 $(a<1)$ 则等效于在频域中被压缩. 也就是说，若信号波形被压缩 a 倍，则信号随时间变化加快 a 倍，所以它所包含的频率分量增加 a 倍，即频谱展宽 a 倍. 根据能量守恒原理，各频率分量的大小必然减小 a 倍.

例 4.10　已知抽样信号 $f(t)=\dfrac{\sin t}{\pi t}$ 的频谱为 $F(\omega)=\begin{cases}1,\ |\omega|\leqslant 2 \\ 0,\ |\omega|>2\end{cases}$. 求信号 $g(t)=f\left(\dfrac{t}{2}\right)$ 的频谱 $G(\omega)$.

解　由傅里叶变换的相似性质知

$$G(\omega)=\mathscr{F}[g(t)]=\mathscr{F}\left[f\left(\frac{t}{2}\right)\right]=2F(2\omega)=\begin{cases}2,\ |\omega|\leqslant 1 \\ 0,\ |\omega|>1\end{cases}$$

由图 4-4 可以看出，由 $f(t)$ 扩展后的信号 $g(t)$ 变得平缓，频率降低，即频率范围由原 $|\omega|<2$ 变成了 $|\omega|<1$.

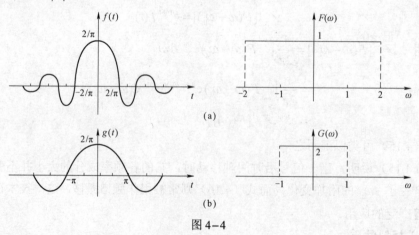

图 4-4

（四）微分性质

设 $F(\omega)=\mathscr{F}[f(t)]$，并设函数 $f(t)$ 在 $(-\infty,+\infty)$ 内连续或仅有有限个可去间断点.

（1）若 $\lim\limits_{|t|\to+\infty} f^{(k)}(t)=0\ (k=0,1,2,\cdots,n-1)$，则

$$\mathscr{F}[f^{(n)}(t)]=(\mathrm{j}\omega)^n\mathscr{F}[f(t)] \tag{4.18}$$

（2）若 $\int_{-\infty}^{+\infty}|t^n f(t)|\mathrm{d}t$ 收敛，则

$$\mathscr{F}^{-1}[F^{(n)}(\omega)]=(-\mathrm{j}t)^n\mathscr{F}^{-1}[F(\omega)] \tag{4.19}$$

证明 当 $|t|\to\infty$ 时，$\left|f(t)\mathrm{e}^{\mathrm{j}\omega t}\right|=|f(t)|\to 0$，由此可知 $f(t)\mathrm{e}^{-\mathrm{j}\omega t}\to 0$．因此

$$\mathscr{F}[f'(t)]=\int_{-\infty}^{+\infty}f'(t)\mathrm{e}^{-\mathrm{j}\omega t}\,\mathrm{d}t$$

$$=f(t)\mathrm{e}^{-\mathrm{j}\omega t}\Big|_{-\infty}^{+\infty}+\mathrm{j}\omega\int_{-\infty}^{+\infty}f(t)\mathrm{e}^{-\mathrm{j}\omega t}\,\mathrm{d}t$$

$$=\mathrm{j}\omega\mathscr{F}[f(t)]$$

反复进行上述过程可得式（4.18），式（4.19）可类似地证明之．

■ **例4.11** 求单边指数衰减信号 $f(t)=\begin{cases}t\mathrm{e}^{-\beta t}, & t\geqslant 0\\ 0, & t<0\end{cases}\ (\beta>0)$ 的傅里叶变换 $\mathscr{F}[f(t)]$．

解 单边指数衰减信号 $g(t)=\begin{cases}\mathrm{e}^{-\beta t}, & t\geqslant 0\\ 0, & t<0\end{cases}\ (\beta>0)$ 的傅氏变换 $\mathscr{F}[g(t)]=\dfrac{1}{\beta+\mathrm{j}\omega}$，所以

$$\mathscr{F}[f(t)]=\mathscr{F}[tg(t)]=\mathrm{j}\left(\frac{1}{\beta+\mathrm{j}\omega}\right)'=\frac{1}{(\beta+\mathrm{j}\omega)^2}$$

（五）积分性质

设 $F(\omega)=\mathscr{F}[f(t)]$，若 $\lim\limits_{t\to+\infty}\int_{-\infty}^{t}f(t)\mathrm{d}t=0$，则

$$\mathscr{F}\left[\int_{-\infty}^{t}f(t)\mathrm{d}t\right]=\frac{1}{\mathrm{j}\omega}\mathscr{F}[f(t)] \tag{4.20}$$

证明 记 $g(t)=\int_{-\infty}^{t}f(\tau)\mathrm{d}\tau$，因为 $g'(t)=f(t)$，$\lim\limits_{t\to+\infty}g(t)=0$，根据式（4.18）有

$\mathscr{F}[f(t)]=\mathrm{j}\omega\mathscr{F}\left[\int_{-\infty}^{t}f(t)\mathrm{d}t\right]$，即 $\mathscr{F}\left[\int_{-\infty}^{t}f(t)\mathrm{d}t\right]=\dfrac{1}{\mathrm{j}\omega}\mathscr{F}\left[f(t)\right]$．

■ **例4.12** 求具有电动势 $f(t)$ 的 LRC 电路的电流，其中 L 是电感，R 是电阻，C 是电容，$f(t)$ 是电动势（见图4-5）．

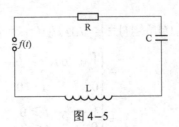

图4-5

解 设 $I(t)$ 表示电路在 t 时刻的电流，根据基尔霍夫定律得

$$L\frac{\mathrm{d}I(t)}{\mathrm{d}t} + RI(t) + \frac{1}{C}\int_{-\infty}^{t} I(t)\mathrm{d}t = f(t)$$

等式两边对 t 求导有

$$L\frac{\mathrm{d}^2 I(t)}{\mathrm{d}t^2} + R\frac{\mathrm{d}I(t)}{\mathrm{d}t} + \frac{I(t)}{C} = f'(t)$$

对方程两边取傅氏变换得

$$L(\mathrm{j}\omega)^2 \mathscr{F}[I(t)] + R(\mathrm{j}\omega)\mathscr{F}[I(t)] + \frac{1}{C}\mathscr{F}[I(t)] = \mathrm{j}\omega\mathscr{F}[f'(t)]$$

故 $\quad I(t) = \mathscr{F}^{-1}\left[\dfrac{C\mathrm{j}\omega\mathscr{F}[f'(t)]}{LC(\mathrm{j}\omega)^2 + RC\mathrm{j}\omega + 1}\right]$

二、卷积与卷积定理

（一）卷积

> **定义 4.3** 设函数 $f_1(t)$ 与 $f_2(t)$ 在 $(-\infty, +\infty)$ 上有定义，如果含参广义积分 $\int_{-\infty}^{+\infty} f_1(\tau)f_2(t-\tau)\mathrm{d}\tau$ 对任何实数 t 都收敛，则称它所确定的 t 的函数为 $f_1(t)$ 与 $f_2(t)$ 的卷积，记为 $f_1(t)*f_2(t)$，即
>
> $$f_1(t)*f_2(t) = \int_{-\infty}^{+\infty} f_1(\tau)f_2(t-\tau)\mathrm{d}\tau \tag{4.21}$$

根据定义容易知道卷积满足：

交换律：$f_1(t)*f_2(t) = f_2(t)*f_1(t)$

结合律：$f_1(t)*[f_2(t)*f_3(t)] = [f_1(t)*f_2(t)]*f_3(t)$

分配律：$f_1(t)*[f_2(t)+f_3(t)] = f_1(t)*f_2(t) + f_1(t)*f_3(t)$

◢ **例 4.13** 设函数

$$f_1(t) = \begin{cases} \mathrm{e}^{-t}, & t \geq 0 \\ 0, & t < 0 \end{cases} \text{ 与 } f_2(t) = \begin{cases} 1, & t \geq 0 \\ 0, & t < 0 \end{cases}, \text{ 求 } f_1(t)*f_2(t).$$

解 根据卷积的定义得

$$\begin{aligned} f_1(t)*f_2(t) &= \int_{-\infty}^{+\infty} f_1(\tau)f_2(t-\tau)\mathrm{d}\tau \\ &= \begin{cases} \int_0^t \mathrm{e}^{-\tau}\mathrm{d}\tau, & t \geq 0 \\ 0, & t < 0 \end{cases} \\ &= \begin{cases} 1-\mathrm{e}^{-t}, & t \geq 0 \\ 0, & t < 0 \end{cases} \end{aligned}$$

（二）卷积定理

定理 4.3　设 $\mathscr{F}[f_1(t)]=F_1(\omega),\ \mathscr{F}[f_2(t)]=F_2(\omega)$，则有

$$\mathscr{F}[f_1(t)*f_2(t)]=F_1(\omega)\cdot F_2(\omega) \tag{4.22}$$

$$\mathscr{F}[f_1(t)f_2(t)]=\frac{1}{2\pi}F_1(\omega)*F_2(\omega) \tag{4.23}$$

证明　根据卷积与傅氏变换的定义得

$$\begin{aligned}
\mathscr{F}[f_1(t)*f_2(t)] &= \int_{-\infty}^{+\infty} f_1(t)*f_2(t)\,e^{-j\omega t}\,dt\\
&= \int_{-\infty}^{+\infty}\left[\int_{-\infty}^{+\infty} f_1(\tau)f_2(t-\tau)\,d\tau\right]e^{-j\omega t}\,dt\\
&= \int_{-\infty}^{+\infty} f_1(\tau)\left[\int_{-\infty}^{+\infty} f_2(t-\tau)e^{-j\omega t}\,dt\right]d\tau\\
&= \int_{-\infty}^{+\infty} f_1(\tau)e^{-j\omega\tau}\left[\int_{-\infty}^{+\infty} f_2(t-\tau)e^{-j\omega(t-\tau)}\,d(t-\tau)\right]d\tau\\
&= \int_{-\infty}^{+\infty} F_2(\omega)f_1(\tau)e^{-j\omega\tau}\,d\tau\\
&= F_1(\omega)F_2(\omega)
\end{aligned}$$

类似地可以证明式（4.23）.

■ 例 4.14　设 $f(t)=e^{-\beta t}u(t)\cos t\ (\beta>0)$，其中 $u(t)$ 是单位阶跃函数，求 $\mathscr{F}[f(t)]$.

解　由卷积定理得

$$\mathscr{F}[f(t)]=\frac{1}{2\pi}\mathscr{F}[e^{-\beta t}u(t)]*\mathscr{F}[\cos t]$$

查附录 A 知 $\mathscr{F}\left[e^{-\beta t}u(t)\right]=\dfrac{1}{\beta+j\omega}$，$\mathscr{F}[\cos t]=\pi[\delta(\omega+1)-\delta(\omega-1)]$.

再由 δ 函数的筛选性质可得

$$\begin{aligned}
\mathscr{F}[f(t)] &= \frac{1}{2\pi}\int_{-\infty}^{+\infty}\frac{\pi}{\beta+j\tau}[\delta(\omega+1-\tau)+\delta(\omega-1-\tau)]\,d\tau\\
&= \frac{1}{2}\left[\frac{1}{\beta+j(\omega+1)}+\frac{1}{\beta+j(\omega-1)}\right]\\
&= \frac{\beta+j\omega}{(\beta+j\omega)^2+1}
\end{aligned}$$

习 题 四

1. 选择题.

（1）设 $u(t)$ 是单位阶跃函数，则它的傅里叶变换为（　　）.

（A）$F(\omega)=\dfrac{1}{j\omega}+\pi\delta(\omega)$　　　　　（B）$F(\omega)=\pi\delta(\omega)$

（C）$F(\omega)=\dfrac{1}{j\omega}$　　　　　　　　（D）不存在

（2）设 $\delta(t)$ 为单位脉冲函数，则 $\int_{-\infty}^{+\infty}\delta(t)e^{-t^2}dt=$（　　）.

（A）-1　　　　（B）0　　　　（C）1　　　　（D）$\delta(\omega)$

2. 填空题.

（1）以 T 为周期的函数在 $\left[-\dfrac{T}{2},\dfrac{T}{2}\right)$ 内的表达式为

$$f_T(t)=\begin{cases}\dfrac{1}{2},&0\leqslant t<\dfrac{T}{2}\\[2mm]-\dfrac{1}{2},&-\dfrac{T}{2}<t<0\end{cases}$$

的复指数形式的傅里叶级数为_____.

（2）函数 $f(t)=\begin{cases}e^{-t},&t\geqslant 0,\\0,&t<0\end{cases}$ 的傅里叶变换为_____.

（3）设 $\delta(t)$ 为单位脉冲函数，则 $\int_{-\infty}^{+\infty}\delta(t)\sin t\,dt=$_____;

（4）函数 $f(t)=e^{jt}$ 的傅里叶变换为_____.

（5）设 $F(\omega)=\mathscr{F}[f(t)]$，则 $\mathscr{F}[f(t)\sin t]=$_____.

3. 求下列函数的傅氏变换.

（1）$f(t)=\begin{cases}1-t^2,&|t|\leqslant 1\\0,&|t|>1\end{cases}$;　　（2）$f(t)=\begin{cases}-1,&-1<t\leqslant 0\\1,&0<t\leqslant 1\\0,&其他\end{cases}$.

4. 求下列函数的傅氏变换，并证明下列积分结果.

（1）$f(t)=e^{-\beta|t|}\ (\beta>0)$,　　　　证明 $\int_0^{+\infty}\dfrac{\cos\omega t}{\beta^2+\omega^2}d\omega=\dfrac{\pi}{2\beta}e^{-\beta|t|}$.

（2）$f(t)=\begin{cases}1,&|t|\leqslant 1\\0,&|t|>1\end{cases}$,　　　　证明 $\int_0^{+\infty}\dfrac{\sin\omega\cos\omega t}{\omega}d\omega=\begin{cases}\dfrac{\pi}{2},&|t|<1\\[1mm]\dfrac{\pi}{4},&|t|<1.\\[1mm]0,&其他\end{cases}$

（3）$f(t)=\begin{cases}\sin t,&|t|\leqslant\pi\\0,&|t|>\pi\end{cases}$,　　　　证明 $\int_0^{+\infty}\dfrac{\sin(\omega\pi)\sin(\omega t)}{1-\omega^2}d\omega=\begin{cases}\dfrac{\pi}{2}\sin t,&|t|\leqslant\pi\\[1mm]0,&|t|>\pi\end{cases}$.

5. 求下列函数的傅氏变换.

（1） $f(t) = \cos t \sin t$；

（2） $f(t) = e^{j\omega_0 t} u(t - t_0)$；

（3） $f(t) = \sin^3 t$；

（4） $f(t) = \sin\left(5t + \dfrac{\pi}{3}\right)$.

6. 求下列函数的傅氏逆变换.

（1） $F(\omega) = \dfrac{1}{(3 + j\omega)(5 + j\omega)}$；

（2） $F(\omega) = \dfrac{\omega^2 + 10}{(5 + j\omega)(9 + \omega^2)}$.

7. 若 $F(\omega) = \mathscr{F}[f(t)]$，求下列函数的傅氏变换.

（1） $tf(2t)$；

（2） $(t - 2)f(-2t)$；

（3） $(1 - t)f(1 - t)$；

（4） $f(2t - 5)$.

8. 求

$$f_1(t) = f_2(t) = \begin{cases} 1, & |t| \leqslant 1 \\ 0, & |t| > 1 \end{cases}$$

的卷积.

9. 求积分方程的解 $y = y(x)$：

$$\int_{-\infty}^{+\infty} \frac{y(t)}{(x - t)^2 + 1} dt = \frac{1}{x^2 + 9}$$

10. 利用卷积定理求下列函数的傅氏变换.

（1） $f(t) = \displaystyle\int_{-\infty}^{t} \delta(\tau) d\tau$，其中 $\delta(\tau)$ 为单位脉冲函数；

（2） $f(t) = e^{j\omega_0 t} u(t - t_0)$.

11. 设 $f_1(t) = e^t \cos t$，$f_2(t) = \delta(t + 1) + \delta(t - 1)$，求 $f_1(t) * f_2(t)$.

第五章　拉普拉斯变换

傅里叶变换确实在许多领域发挥了重要作用，成为处理许多工程问题的不可或缺的重要工具，但任何事物总有它的局限性，傅里叶变换亦不例外．常义傅里叶变换要求函数满足狄氏条件，同时还要求在 $(-\infty, +\infty)$ 上绝对可积，尤其绝对可积这一条件比较强．虽然引进了单位脉冲函数，但依然有些问题难以解决，也就是其功能与适用范围方面都有待扩展．功能的增强和适用范围的扩展本身就是创新．

傅里叶变换要求函数满足绝对可积条件或是"缓增"，因此它对呈指数级增长的函数就无能为力了，拉普拉斯变换则成功地解决了这一问题．从这个角度讲，拉普拉斯变换实际上是傅里叶变换的推广．

第一节　拉普拉斯变换的概念

一、拉普拉斯变换的定义

> **定义 5.1**　设函数 $f(t)$ 是定义在 $[0, +\infty)$ 上的实值函数，对于复参数 $s = \beta + \mathrm{j}\omega$，如果积分
>
> $$\int_0^{+\infty} f(t)\mathrm{e}^{-st}\mathrm{d}t$$
>
> 在复平面 s 的某一域内收敛，把此积分所确定的函数
>
> $$F(s) = \int_0^{+\infty} f(t)\mathrm{e}^{-st}\mathrm{d}t \tag{5.1}$$
>
> 称为 $f(t)$ 的拉普拉斯变换（简称拉氏变换或称为像函数），记为 $F(s) = \mathscr{L}[f(t)]$；称 $f(t)$ 为 $F(s)$ 的拉普拉斯逆变换（简称拉氏逆变换或称为像原函数），记为 $f(t) = \mathscr{L}^{-1}[F(s)]$．

由式（5.1）可以看出，$f(t)$（$t \geqslant 0$）的拉氏变换实际上就是 $f(t)u(t)\mathrm{e}^{-\beta t}$ 的傅氏变换，其中 $u(t)$ 是单位阶跃函数．

许多工程应用中所涉及的函数 $f(t)$ 在当 $t < 0$ 时没有意义或不需要考虑，因此在考虑拉普拉斯变换时，本章中除特别声明外，我们约定：当 $t < 0$ 时，$f(t) = 0$．例如，对于 $f(t) = \mathrm{e}^t$，应理解为 $f(t) = u(t)\mathrm{e}^t$．

例 5.1 求单位阶跃函数 $u(t)=\begin{cases}1, & t>0 \\ 0, & t<0\end{cases}$ 的拉普拉斯变换.

解 积分 $\int_0^b e^{-st}dt = \dfrac{1}{-s}e^{-st}\Big|_0^b = \dfrac{1}{s}(1-e^{-sb})$，当 $\mathrm{Re}\,s=-\beta>0$ 时，有 $\lim\limits_{t\to+\infty}\left|e^{-(\beta+j\omega)t}\right|=$

$\lim\limits_{t\to+\infty}e^{-\beta t}=0$，因此，$\int_0^{+\infty}u(t)e^{-st}dt=\dfrac{1}{s}$（$\mathrm{Re}\,s>0$）.

即 $\mathscr{L}[1]=\dfrac{1}{s}$（$\mathrm{Re}\,s>0$）

例 5.2 求函数 $f(t)=e^{\alpha t}$ 的拉普拉斯变换（α 为复常数）.

解 根据拉普拉斯变换的定义得

$$\mathscr{L}\left[e^{\alpha t}\right]=\int_0^{+\infty}e^{\alpha t}e^{-st}dt=\int_0^{+\infty}e^{-(s-\alpha)t}dt=-\frac{1}{s-\alpha}e^{-(s-\alpha)t}\Big|_0^{+\infty}=\frac{1}{s-\alpha}\quad(\mathrm{Re}\,s>\mathrm{Re}\,\alpha)$$

从上述例子可以看出，与傅氏变换相比，拉普拉斯变换不再要求绝对可积的条件，就是说，拉普拉斯变换存在的条件要弱得多. 那么拉普拉斯变换存在的条件究竟是什么？若拉普拉斯变换存在，其存在域又是如何？下面讨论这些问题.

二、拉普拉斯变换存在定理

定理 5.1 若函数 $f(t)$ 在区间 $[0,+\infty)$ 上满足下列条件：
（1）在 $[0,+\infty)$ 的任一有限区间上分段连续；
（2）存在常数 $M>0,c\geq 0$，使得

$$|f(t)|\leq Me^{ct},\quad 0\leq t<+\infty \tag{5.2}$$

则在半平面 $\mathrm{Re}(s)>c$ 上，$\mathscr{L}[f(t)]$ 一定存在，即积分 $\int_0^{+\infty}f(t)e^{-st}dt$ 一定存在，而且像函数 $F(s)=\mathscr{L}[f(t)]$ 是解析的.

证明 设 $s=\beta+j\omega$，则

$$|F(s)|=\left|\int_0^{+\infty}f(t)e^{-st}dt\right|\leq\int_0^{+\infty}\left|f(t)e^{-st}\right|dt\leq M\int_0^{+\infty}e^{-(\beta-c)t}dt=\frac{M}{\beta-c}$$

故积分 $\int_0^{+\infty}f(t)e^{-st}dt$ 在 $\mathrm{Re}(s)>c$ 时收敛，即该积分在半平面 $\mathrm{Re}(s)>c$ 上存在. 关于 $F(s)$ 的解析性的证明涉及更深一些的相关知识，故从略.

拉普拉斯变换存在定理要求函数 $f(t)$ 满足指数增长条件，即定理 5.1 中的条件（2），这个要求条件是比较弱的. 实际上，工程中遇到的大部分相关问题都能满足这样的要求. 在这里，我们给出了拉普拉斯变换存在的一种充分条件，它不是必要的，即便如此，也不可否认本定理的重要性.

另外，从定理 5.1 还可以看到：对于函数 $f(t)$，其拉普拉斯变换 $F(s)$ 的存在域往往

是一个半平面，具体来说，有以下三种情况：

（1） $F(s)$ 不存在；

（2）存在实数 c，$F(s)$ 在半平面 $\text{Re}(s) > c$ 内存在且是解析的；而当 $\text{Re}(s) < c$ 时，$F(s)$ 不存在；

（3） $F(s)$ 处处存在，即存在域为全平面．

第二节　拉普拉斯变换的性质

本节介绍拉普拉斯变换的一些重要性质，它们在工程应用当中能为我们提供强有力的帮助．在这一节中，假设所涉及的拉普拉斯变换均存在，同时，所需要的数学运算，如积分与微分交换顺序等，均可进行．

一、线性与相似性质

（一）线性性质

设 $\mathscr{L}[f(t)] = F(s)$，$\mathscr{L}[g(t)] = G(s)$，对于常数 α, β，有

$$\mathscr{L}[\alpha f(t) + \beta g(t)] = \alpha \mathscr{L}[f(t)] + \beta \mathscr{L}[g(t)] \tag{5.3}$$

$$\mathscr{L}^{-1}[\alpha F(s) + \beta G(s)] = \alpha \mathscr{L}^{-1}[F(s)] + \beta \mathscr{L}^{-1}[G(s)] \tag{5.4}$$

例 5.3 求 $\sin(\omega t)$ 的拉普拉斯变换．

解 由 $\sin(\omega t) = \dfrac{1}{2j}\left[e^{j\omega t} - e^{-j\omega t}\right]$ 及 $\mathscr{L}\left[e^{j\omega t}\right] = \dfrac{1}{s - j\omega}$ 有

$$\mathscr{L}\left[\sin(\omega t)\right] = \frac{1}{2j}\left[\frac{1}{s - j\omega} - \frac{1}{s + j\omega}\right] = \frac{\omega}{s^2 + \omega^2}$$

同理可得　$\mathscr{L}\left[\cos(\omega t)\right] = \dfrac{s}{s^2 + \omega^2}$

例 5.4 求函数 $F(s) = \dfrac{4s + 5}{(2s - 1)(3s + 2)}$ 的拉普拉斯逆变换．

解 设 $F(s) = \dfrac{4s + 5}{(2s - 1)(3s + 2)} = \dfrac{A(3s + 2) + B(2s - 1)}{(2s - 1)(3s + 2)}$，易得

$$F(s) = \frac{4s + 5}{(2s - 1)(3s + 2)} = \frac{2}{2s - 1} - \frac{1}{3s + 2}$$

所以，由拉普拉斯逆变换的性质知

$$\mathscr{L}^{-1}\left[F(s)\right] = \mathscr{L}^{-1}\left[\frac{1}{s-\dfrac{1}{2}}\right] - \frac{1}{3}\mathscr{L}^{-1}\left[\frac{1}{s+\dfrac{2}{3}}\right]$$

$$= \mathrm{e}^{\frac{t}{2}} - \frac{1}{3}\mathrm{e}^{-\frac{2t}{3}}$$

（二）相似性质

设 $\mathscr{L}\left[f(t)\right] = F(s)$，则 $\mathscr{L}\left[f(at)\right] = \dfrac{1}{a}F\left(\dfrac{s}{a}\right)$ $(a > 0)$. (5.5)

证明 事实上，$\mathscr{L}\left[f(at)\right] = \displaystyle\int_0^{+\infty} f(at)\mathrm{e}^{-st}\,\mathrm{d}t$

令 $x = at$，则 $\displaystyle\int_0^{+\infty} f(at)\mathrm{e}^{-st}\,\mathrm{d}t = \frac{1}{a}\int_0^{+\infty} f(x)\mathrm{e}^{-\left(\frac{s}{a}\right)x}\,\mathrm{d}x = \frac{1}{a}F\left(\frac{s}{a}\right)$.

二、微分性质

（一）导数的像函数

设 $\mathscr{L}\left[f(t)\right] = F(s)$，则

$$\mathscr{L}\left[f'(t)\right] = sF(s) - f(0) \tag{5.6}$$

$$\mathscr{L}\left[f^{(n)}(t)\right] = s^n F(s) - s^{n-1}f(0) - s^{n-2}f'(0) - \cdots - f^{(n-1)}(0) \tag{5.7}$$

其中，$f^{(k)}(0)$ 应理解为 $\lim\limits_{t \to 0^+} f^{(k)}(t)$.

证明 函数 $f(t)$ 满足拉普拉斯变换存在定理的条件，于是

$$\left|f(t)\mathrm{e}^{-st}\right| \leqslant M\mathrm{e}^{-(\beta-c)t}, \quad \mathrm{Re}\,s = \beta > c, \quad \text{那么} \lim_{t \to +\infty} f(t)\mathrm{e}^{-st} = 0.$$

根据拉普拉斯变换的定义和分部积分法，得

$$\mathscr{L}\left[f'(t)\right] = \int_0^{+\infty} f'(t)\mathrm{e}^{-st}\,\mathrm{d}t$$

$$= f(t)\mathrm{e}^{-st}\Big|_0^{+\infty} + s\int_0^{+\infty} f(t)\mathrm{e}^{-st}\,\mathrm{d}t$$

$$= sF(s) - f(0)$$

反复应用此公式，便可得式（5.7）.

应当指出，如果函数 $f(t)$ 在 $t = 0$ 处不连续，式（5.6）中的初始条件应改为 $f(0-0)$，相应的式（5.6）应为：$\mathscr{L}\left[f'(t)\right] = sF(s) - f(0-0)$.

拉普拉斯变换的这一性质是求解微分方程初值问题的重要工具.

▰ **例 5.5** 求解微分方程的初值问题 $y''(t) + 9y(t) = 0$，$y(0) = 0$，$y'(0) = 3$.

解 设 $\mathscr{L}\left[y(t)\right] = Y(s)$，对原方程两边实施拉普拉斯变换，有

$$\left[s^2 Y(s) - sy(0) - y'(0)\right] + 9Y(s) = 0$$

代入初值则得

$$(s^2 + 9)Y(s) = 3$$

于是

$$Y(s) = \frac{3}{s^2 + 9}$$

求拉普拉斯逆变换得原微分方程的解为

$$y(t) = \sin(3t)$$

▪ **例 5.6** 求 $f(t) = t^n$ (n 为正整数) 的拉普拉斯变换.

解 $f(t) = t^n$，则 $f^{(n)}(t) = n!$，且 $f(0) = f'(0) = \cdots = f^{(n-1)}(0) = 0$，由式（5.7）

得 $\mathscr{L}\left[f^{(n)}(t)\right] = s^n \mathscr{L}[f(t)]$，而 $\mathscr{L}\left[f^{(n)}(t)\right] = \mathscr{L}[n!] = \dfrac{1}{s}$，那么

$$\mathscr{L}\left[t^n\right] = \frac{1}{s^n}\mathscr{L}[n!] = \frac{n!}{s^{n+1}}$$

▪ **例 5.7** 利用微分性质求单位脉冲函数 $\delta(t)$ 的拉普拉斯变换.

解 由单位脉冲函数的性质知 $\delta(t) = \dfrac{\mathrm{d}\,u(t)}{\mathrm{d}\,t}$，那么

$$\mathscr{L}[\delta(t)] = \mathscr{L}[u'(t)] = s\frac{1}{s} - u(0 - 0) = 1$$

（二）像函数的导数

设 $\mathscr{L}[f(t)] = F(s)$，则

$$F'(s) = -\mathscr{L}[tf(t)] \tag{5.8}$$

$$F^{(n)}(s) = (-1)^n \mathscr{L}\left[t^n f(t)\right] \tag{5.9}$$

证明 根据拉普拉斯变换存在定理，由于 $F(s)$ 在 $\mathrm{Re}\,s > c$ 内解析，因而

$$F'(s) = \frac{\mathrm{d}}{\mathrm{d}\,s}\int_0^{+\infty} f(t)\mathrm{e}^{-st}\,\mathrm{d}\,t$$

$$= \int_0^{+\infty} \frac{\mathrm{d}}{\mathrm{d}\,s}\left[f(t)\mathrm{e}^{-st}\right]\mathrm{d}\,t$$

$$= -\int_o^{+\infty} tf(t)\mathrm{e}^{-st}\,\mathrm{d}\,t = -\mathscr{L}[tf(t)]$$

反复对 $F(s)$ 实施同样的步骤，即可得式（5.9）.

▪ **例 5.8** 求函数 $f(t) = t\mathrm{e}^t$ 的拉普拉斯变换.

解 因为 $\mathscr{L}\left[\mathrm{e}^t\right] = \dfrac{1}{s-1}$，根据式（5.8）有

$$\mathscr{L}\left[t\mathrm{e}^t\right] = -\frac{\mathrm{d}}{\mathrm{d}\,s}\left(\frac{1}{s-1}\right) = \frac{1}{(s-1)^2}$$

三、积分性质

设 $\mathscr{L}[f(t)] = F(s)$，则

（1）积分的像函数

$$\mathscr{L}\left[\int_0^{+\infty} f(t)\mathrm{d}t\right] = \frac{1}{s}F(s) \tag{5.10}$$

$$\mathscr{L}\underbrace{\int_0^t \mathrm{d}t \int_0^t \mathrm{d}t \cdots \int_0^t f(t)\mathrm{d}t}_{n\text{次}} = \frac{1}{s^n}F(s) \tag{5.11}$$

（2）像函数的积分

$$\mathscr{L}\left[\frac{f(t)}{t}\right] = \int_s^{\infty} F(s)\mathrm{d}s \tag{5.12}$$

$$\mathscr{L}\left[\frac{f(t)}{t^n}\right] = \underbrace{\int_s^{\infty}\mathrm{d}s\int_s^{\infty}\mathrm{d}s \cdots \int_s^{\infty} F(s)\mathrm{d}s}_{n\text{次}} \tag{5.13}$$

证明 （1）设 $h(t) = \int_0^t f(t)\mathrm{d}t$，则有

$$h'(t) = f(t), \quad h(0) = 0$$

由微分性质可得

$$\mathscr{L}[h'(t)] = s\mathscr{L}[h(t)] - h(0) = s\mathscr{L}[h(t)]$$

即 $\quad \mathscr{L}\left[\int_0^t f(t)\mathrm{d}t\right] = \frac{1}{s}\mathscr{L}[f(t)] = \frac{1}{s}F(s)$

反复应用此公式便可得式（5.13）.

（2）若记 $G(s) = \int_s^{\infty} F(s)\mathrm{d}s$，那么，利用像函数的微分性质易得

$$\int_s^{\infty} F(s)\mathrm{d}s = \mathscr{L}\left[\frac{f(t)}{t}\right]$$

当 $\int_0^{+\infty}\frac{f(t)}{t}\mathrm{d}t$ 存在时，上式中令 $s=0$，有

$$\int_0^{+\infty}\frac{f(t)}{t}\mathrm{d}t = \int_0^{+\infty} F(s)\mathrm{d}s \tag{5.14}$$

▰ **例 5.9** 计算积分 $\int_0^{+\infty}\frac{\mathrm{e}^{-at} - \mathrm{e}^{-bt}}{t}\mathrm{d}t$.

解 因为 $\int_0^{+\infty}\frac{f(t)}{t}\mathrm{d}t = \int_0^{\infty} F(s)\mathrm{d}s$

所以

$$\int_0^{+\infty} \frac{e^{-at} - e^{-bt}}{t} dt = \int_0^{\infty} \mathscr{L}\left[e^{-at} - e^{-bt}\right] dt$$

$$= \int_0^{\infty} \left(\frac{1}{s+a} - \frac{1}{s+b}\right) ds = \ln\frac{s+a}{s+b}\bigg|_0^{\infty}$$

$$= \ln\frac{b}{a}$$

类似于式（5.14），在拉普拉斯变换的一些性质中，取 s 为某些特定值，就可以求出一些函数的反常积分，如取 $s=0$，由式（5.1）及式（5.8）可得

$$\int_0^{+\infty} f(t) dt = F(0) \tag{5.15}$$

$$\int_0^{+\infty} tf(t) dt = -F'(0) \tag{5.16}$$

需要注意的是，运用上述公式时，要注意考察反常积分的存在性.

四、延迟与位移性质

设 $\mathscr{L}\left[f(t)\right] = F(s)$，则有：

（1）延迟性质：

若 $t < 0$，$f(t) = 0$，则对任一非负实数 τ 有

$$\mathscr{L}\left[f(t-\tau)\right] = e^{-s\tau} F(s) \tag{5.17}$$

（2）位移性质：

$$F(s-a) = \mathscr{L}\left[e^{at} f(t)\right] \tag{5.18}$$

证明 （1）因为

$$\mathscr{L}\left[f(t-\tau)\right] = \int_0^{+\infty} f(t-\tau) e^{-st} dt = \int_{\tau}^{+\infty} f(t-\tau) e^{-st} dt$$

令 $u = t - \tau$，有

$$\mathscr{L}\left[f(t-\tau)\right] = \int_0^{+\infty} f(u) e^{-s(u+\tau)} du = e^{-s\tau} F(s)$$

（2）由定义有

$$\mathscr{L}\left[e^{at} f(t)\right] = \int_0^{+\infty} e^{at} f(t) e^{-st} dt$$

$$= \int_0^{+\infty} f(t) e^{-(s-a)t} dt = F(s-a)$$

应用延迟性质可以求周期函数的拉普拉斯变换.

设 $f_T(t)$ 是 $[0, +\infty)$ 内以 T 为周期的函数，且它在一个周期内逐段光滑，如果 $f_T(t) = f(t)$ $(0 \le t < T)$，则 $\mathscr{L}\left[f_T(t)\right] = \dfrac{1}{1 - e^{-sT}} \int_0^T f(t) e^{-st} dt$.

事实上，在第 $k+1$ 个周期内，有

$$f_T(t) = f(t-kT), \quad kT \leqslant t < (k+1)T$$

不妨设在 $t \geqslant T$ 上有 $f(t) = 0$，应用延迟性质得

$$\mathscr{L}[f(t-kT)] = e^{-skT}\mathscr{L}[f(t)]$$

因此

$$\mathscr{L}[f_T(t)] = \left[\sum_{k=0}^{\infty} f(t-kT)\right] = \sum_{k=0}^{\infty}\mathscr{L}[f(t-kT)]$$

$$= \mathscr{L}[f(t)]\sum_{k=0}^{\infty} e^{-skT}$$

$$= \frac{1}{1-e^{-sT}}\int_0^T f(t)e^{-st}\,\mathrm{d}t$$

例 5.10 求全波整流函数 $f(t) = |\sin t|$ $(t>0)$ 的拉普拉斯变换.

解 由上述周期函数的拉普拉斯变换公式可知

$$\mathscr{L}[|\sin t|] = \frac{1}{1-e^{-\pi s}}\int_0^{\pi}\sin(te^{-st})\,\mathrm{d}t$$

$$= \frac{1}{1-e^{-\pi s}}\frac{e^{-st}}{s^2+1}(-\sin t - \cos t)\Big|_0^{\pi}$$

$$= \frac{1}{1-e^{-\pi s}}\frac{1+e^{-\pi s}}{s^2+1}$$

$$= \frac{1}{s^2+1}\operatorname{cth}\frac{\pi s}{2}$$

例 5.11 求函数 $f(t) = \int_0^t te^t\sin t\,\mathrm{d}t$ 的拉普拉斯变换.

解 由积分性质得

$$\mathscr{L}[f(t)] = \mathscr{L}\left[\int_0^t te^t\sin t\,\mathrm{d}t\right]$$

$$= \frac{1}{s}\mathscr{L}[te^t\sin t]$$

再由微分性质知

$$\mathscr{L}[t\sin t] = -\frac{\mathrm{d}}{\mathrm{d}t}\left(\mathscr{L}[\sin t]\right)$$

$$= -\left(\frac{1}{s^2+1}\right)' = \frac{2s}{(s^2+1)^2}$$

应用位移性质得

$$\mathscr{L}[te^t\sin t] = \frac{2(s-1)}{\left[(s-1)^2+1\right]^2}$$

71

故 $\mathscr{L}\left[\int_0^t t\mathrm{e}^t \sin t \,\mathrm{d}t\right] = \dfrac{2(s-1)}{s(s^2-2s+2)^2}$.

五、卷积定理

一般意义下，两个函数的卷积为

$$f_1(t) * f_2(t) = \int_{-\infty}^{+\infty} f_1(\tau) f_2(t-\tau) \,\mathrm{d}\tau$$

但是，在本章中，我们总是约定：当 $t<0$ 时，$f_1(t) = f_2(t) = 0$．于是卷积公式也就变成了

$$f_1(t) * f_2(t) = \int_0^t f_1(\tau) f_2(t-\tau) \,\mathrm{d}\tau \quad (t \geqslant 0) \tag{5.19}$$

■ **例 5.12** 求函数 $f_1(t) = t$ 与 $f_2(t) = \mathrm{e}^t$ 的卷积.

解 根据式（5.19）有

$$
\begin{aligned}
t * \mathrm{e}^t &= \int_0^t \tau \mathrm{e}^{t-\tau} \,\mathrm{d}\tau \\
&= -\int_0^t \tau \mathrm{d}\mathrm{e}^{t-\tau} \\
&= -\tau \mathrm{e}^{t-\tau} \Big|_0^t + \int_0^t \mathrm{e}^{t-\tau} \,\mathrm{d}\tau \\
&= \mathrm{e}^t - t - 1
\end{aligned}
$$

定理 5.2（卷积定理） 设 $\mathscr{L}[f_1(t)] = F_1(s)$，$\mathscr{L}[f_2(t)] = F_2(s)$，则有

$$\mathscr{L}[f_1(t) * f_2(t)] = F_1(s) \bullet F_2(s)$$

证明 根据拉普拉斯变换的定义有

$$
\begin{aligned}
\mathscr{L}[f_1(t) * f_2(t)] &= \int_0^{+\infty} [f_1(t) * f_2(t)] \mathrm{e}^{-st} \,\mathrm{d}t \\
&= \int_0^{+\infty} \left[\int_0^t f_1(\tau) f_2(t-\tau) \mathrm{d}\tau\right] \mathrm{e}^{-st} \,\mathrm{d}t
\end{aligned}
$$

对上述二重积分，交换积分次序得

$$\mathscr{L}[f_1(t) * f_2(t)] = \int_0^{+\infty} f_1(\tau) \left[\int_\tau^{+\infty} f_2(t-\tau) \mathrm{e}^{-st} \,\mathrm{d}t\right] \mathrm{d}\tau$$

令 $t - \tau = u$，则有

$$
\begin{aligned}
\mathscr{L}[f_1(t) * f_2(t)] &= \int_0^{+\infty} f_1(\tau) \left[\int_0^{+\infty} f_2(u) \mathrm{e}^{-s(u+\tau)} \,\mathrm{d}u\right] \mathrm{d}\tau \\
&= F_2(s) \int_0^{+\infty} f_2(\tau) \mathrm{e}^{-s\tau} \,\mathrm{d}\tau = F_1(s) \bullet F_2(s)
\end{aligned}
$$

■ **例 5.13** 已知 $F(s) = \dfrac{1}{(s^2+2s+2)^2}$，求 $f(t) = \mathscr{L}^{-1}[F(s)]$.

解　记 $G(s) = \dfrac{1}{s^2+1} \cdot \dfrac{1}{s^2+1}$，由 $\mathscr{L}^{-1}\left[\dfrac{1}{s^2+1}\right] = \sin t$，根据卷积定理知

$$\mathscr{L}^{-1}\left[G(s)\right] = \sin t * \sin t = \int_0^t \sin\tau\sin(t-\tau)\,\mathrm{d}\tau$$

$$= -\frac{1}{2}\int_0^t \left(\cos t - \cos(2\tau - t)\right)\mathrm{d}\tau$$

$$= \frac{1}{2}(\sin t - t\cos t)$$

再由位移性质得

$$f(t) = \mathscr{L}^{-1}\left[F(s)\right] = \mathscr{L}^{-1}\left[\frac{1}{\left[(s+1)^2+1\right]^2}\right]$$

$$= \mathrm{e}^{-t}\mathscr{L}^{-1}\left[\frac{1}{(s^2+1)^2}\right] = \frac{1}{2}\mathrm{e}^{-t}(\sin t - t\cos t)$$

六、初值定理与终值定理

称 $f(0)$ 和 $f(0^+) = \lim\limits_{t\to 0^+} f(t)$ 为 $f(t)$ 的初值，$f(+\infty) = \lim\limits_{t\to+\infty} f(t)$ 为 $f(t)$ 的终值（假定上述两个极限存在）.

（1）初值定理　若 $f'(t)$ 的拉普拉斯变换存在，则

$$\lim_{s\to\infty} sF(s) = f(0) \tag{5.20}$$

（2）终值定理　若 $f'(t)$ 的拉普拉斯变换存在，且 $sF(s)$ 的所有奇点都在 s 平面的左半部，则

$$\lim_{s\to 0} sF(s) = f(+\infty) \tag{5.21}$$

证明　根据拉普拉斯变换的微分性质，有

$$\mathscr{L}\left[f'(t)\right] = s\mathscr{L}\left[f(t)\right] - f(0)$$

将此式改写为

$$sF(s) = \int_0^{+\infty} f'(t)\mathrm{e}^{-st}\,\mathrm{d}t + f(0)$$

令 $s\to\infty$ 得

$$\lim_{s\to\infty} F(s) = \lim_{s\to\infty}\left[\int_0^{+\infty} f'(t)\mathrm{e}^{-st}\,\mathrm{d}t + f(0)\right]$$

$$= \int_0^{+\infty}\lim_{s\to\infty} f'(t)\mathrm{e}^{-st}\,\mathrm{d}t + f(0) = f(0)$$

若令 $s\to 0$，则有

$$\lim_{s \to 0} sF(s) = \lim_{s \to 0}\left[\int_0^{+\infty} f'(t)\mathrm{e}^{-st}\,\mathrm{d}t + f(0)\right]$$

$$= \int_0^{+\infty} \lim_{s \to 0} f'(t)\mathrm{e}^{-st}\,\mathrm{d}t + f(0)$$

$$= \int_0^{+\infty} f'(t)\,\mathrm{d}t + f(0)$$

$$= f(t)\Big|_0^{+\infty} + f(0)$$

$$= \lim_{t \to +\infty} f(t) = f(+\infty)$$

第三节　拉普拉斯逆变换

在实际应用中，不仅需要由已知函数 $f(t)$ 求其像函数 $F(s)$ ，而且还经常需要求 $F(s)$ 的拉普拉斯逆变换，即由 $F(s)$ 求函数 $f(t)$.

比较拉普拉斯变换与傅里叶变换的定义可知，实际上，一个函数 $f(t)$ 的拉普拉斯变换 $F(s) = F(\beta + \mathrm{j}\omega)$ 就是 $f(t)u(t)\mathrm{e}^{-\beta t}$ 的傅里叶变换，那么，按照傅里叶积分公式，在 $f(t)$ 的连续点处有

$$f(t)u(t)\mathrm{e}^{-\beta t} = \frac{1}{2\pi}\int_{-\infty}^{+\infty}[\int_{-\infty}^{+\infty} f(t)u(\tau)\mathrm{e}^{-\beta t}\mathrm{e}^{-\mathrm{j}\omega t}\,\mathrm{d}\tau]\mathrm{e}^{\mathrm{j}\omega t}\,\mathrm{d}\omega$$

$$= \frac{1}{2\pi}\int_{-\infty}^{+\infty}\mathrm{e}^{\mathrm{j}\omega t}\,\mathrm{d}\omega[\int_0^{+\infty} f(\tau)\mathrm{e}^{-(\beta+\mathrm{j}\omega)\tau}\,\mathrm{d}\tau]$$

$$= \frac{1}{2\pi}\int_{-\infty}^{+\infty} F(\beta + \mathrm{j}\omega)\mathrm{e}^{\mathrm{j}\omega t}\,\mathrm{d}\omega\,(t > 0)$$

等式两边同乘以 $\mathrm{e}^{\beta t}$ ，并记 $s = \beta + \mathrm{j}\omega$ ，则有

$$f(t) = \frac{1}{2\pi\mathrm{j}}\int_{\beta-\mathrm{j}\infty}^{\beta+\mathrm{j}\infty} F(s)\mathrm{e}^{st}\,\mathrm{d}s\ \ (t > 0) \tag{5.22}$$

它就是由 $F(s)$ 求 $f(t)$ 的一般公式，称之为反演积分公式，其中右端的积分称之为反演积分. 借助于复积分理论，利用反演积分公式是求解拉普拉斯逆变换的一般性方法，关于这一部分内容将在第七章中进一步探讨.

求 $F(s)$ 的拉普拉斯逆变换的常用方法包括：部分分式法、利用拉普拉斯变换的性质及卷积来求解的方法、利用留数求解法和利用反演积分公式求解法等，接下来将通过例题来介绍一些实用而简单的求拉普拉斯逆变换的方法.

■ **例 5.14**　设 $F(s) = \dfrac{s+2}{(s^2-1)(s+3)}$ ，求 $f(t) = \mathscr{L}^{-1}[F(s)]$.

解　利用部分分式求解

对 $F(s)$ 进行分解可得

$$F(s) = \frac{\frac{3}{8}}{s-1} - \frac{\frac{1}{4}}{s+1} - \frac{\frac{1}{8}}{s+3}$$

由于 $\mathscr{L}^{-1}\left[\dfrac{1}{s-a}\right] = \mathrm{e}^{-at}$

故

$$f(t) = \frac{3}{8}\mathrm{e}^{t} - \frac{1}{4}\mathrm{e}^{-t} - \frac{1}{8}\mathrm{e}^{-3t}$$

例 5.15　设 $F(s) = \dfrac{1}{s^2(s^2+1)}$，求 $f(t) = \mathscr{L}^{-1}[F(s)]$.

解　利用卷积求解

设 $F_1(s) = \dfrac{1}{s^2}$，$F_2(s) = \dfrac{1}{s^2+1}$，则 $F(s) = F_1(s)F_2(s)$，而

$f_1(t) = \mathscr{L}^{-1}[F_1(s)] = t$，$f_2(t) = \mathscr{L}^{-1}\left[\dfrac{1}{s^2+1}\right] = \sin t$，那么，根据卷积定理有

$$f(t) = f_1(t) * f_2(t) = \int_0^t \tau \sin(t-\tau)\mathrm{d}\tau$$

$$= \int_0^t \tau\, \mathrm{d}\cos(t-\tau) = t - \sin t$$

除了利用部分分式、卷积定理和查表几种方法之外，利用拉普拉斯变换的基本性质求解拉普拉斯逆变换也是一种常用的方法.

例 5.16　已知 $F(s) = \dfrac{4(s+1)}{[(s+1)^2+4]^2}$，求 $f(t) = \mathscr{L}^{-1}[F(s)]$.

解　由拉普拉斯变换的位移性质知

$$f(t) = \mathscr{L}^{-1}\left[\frac{4(s+1)}{((s+1)^2+4)^2}\right] = 4\mathrm{e}^{-t}\mathscr{L}^{-1}\left[\frac{s}{(s^2+4)^2}\right]$$

再由拉普拉斯变换的微分性质得

$$\mathscr{L}^{-1}\left[\frac{s}{(s^2+4)^2}\right] = -\frac{1}{2}\mathscr{L}^{-1}\left[\left(\frac{1}{s^2+4}\right)'\right]$$

$$= \frac{t}{2}\mathscr{L}^{-1}\left[\frac{1}{(s^2+4)}\right] = \frac{t}{4}\sin 2t$$

故 $f(t) = t\mathrm{e}^{-t}\sin 2t$

第四节　拉普拉斯变换的应用

工程中的许多系统可以用微分方程或积分方程来描述，用拉普拉斯变换来求解这些方程是一种非常简便有效的方法．甚至有些微分方程（组）或积分方程用经典方法求不出其解析解，而用拉普拉斯变换方法却可以找到其解析解．利用拉普拉斯变换的求解过程是：首先通过拉普拉斯变换将微分方程或积分方程转化为代数方程；然后求解代数方程得到像函数解；最后通过拉普拉斯逆变换求得原解．具体做法见下面的例子．

一、微分方程、积分方程的拉普拉斯变换解法

例 5.17　求 $tx''(t) + (1-2t)x'(t) - 2x(t) = 0$ 满足初始条件 $x(0)=1$，$x'(0)=2$ 的解．

解　设 $\mathscr{L}[x(t)] = X(s)$，根据拉普拉斯变换的性质得

$$\mathscr{L}[tx''(t)] = -\frac{\mathrm{d}}{\mathrm{d}s}\mathscr{L}[x''(t)] = -\frac{\mathrm{d}}{\mathrm{d}s}[s^2 X(s) - sx(0) - x'(0)]$$

$$\mathscr{L}[(1-2t)x'(t)] = \mathscr{L}[x'(t)] + \mathscr{L}[-2tx'(t)] = sX(s) - x(0) + 2\frac{\mathrm{d}}{\mathrm{d}s}[sX(s) - x(0)]$$

对原方程两边取拉普拉斯变换，并考虑到初始条件，则得

$$(2-s)X'(s) - X(s) = 0$$

求解此可分离变量微分方程得

$$X(s) = \frac{C}{s-2}$$

取逆变换，得

$$x(t) = Ce^{2t}$$

代入初始条件，得方程的解为 $x(t) = e^{2t}$．

例 5.18　求解微分方程组

$$\begin{cases} 2x'(t) + x(t) - 2y(t) = e^t \\ y'(t) + 5x(t) - 3y(t) = 3e^t \end{cases}, \quad x(0) = y(0) = 1.$$

解　设 $\mathscr{L}[x(t)] = X(s)$，$\mathscr{L}[y(t)] = Y(s)$，对两方程两边取拉普拉斯变换，并考虑到初始条件，得

$$\begin{cases} 2sX(s) - 2 + X(s) - 2Y(s) = \dfrac{1}{s-1} \\ sY(s) - 1 + 5X(s) - 3Y(s) = \dfrac{3}{s-1} \end{cases}$$

解之得 $X(s) = Y(s) = \dfrac{1}{s-1}$.

取拉普拉斯逆变换得原微分方程组的解为

$$x(t) = y(t) = e^t$$

例 5.19 求解微分方程组

$$\begin{cases} x'(t) + y''(t) = \delta(t-1) \\ 2x(t) + y'''(t) = 2u(t-1) \end{cases}, \quad x(0) = x'(0) = 0, \quad y(0) = y'(0) = 0.$$

解 设 $\mathscr{L}[x(t)] = X(s)$，$\mathscr{L}[y(t)] = Y(s)$，对两方程两边取拉普拉斯变换，并考虑到初始条件，得

$$\begin{cases} sX(s) + s^2 Y(s) = e^{-s} \\ 2X(s) + s^3 Y(s) = -\dfrac{2e^{-s}}{s} \end{cases}$$

解之得 $X(s) = \dfrac{e^{-s}}{s}$，$Y(s) = 0$.

取拉普拉斯逆变换得原微分方程组的解为

$$x(t) = u(t-1), \quad y(t) = 0$$

例 5.20 求解积分方程

$$f(t) = \sin t + \int_0^t \sin(t-\tau) f(\tau) \mathrm{d}\tau$$

解 设 $\mathscr{L}[f(t)] = F(s)$，因为 $\mathscr{L}[\sin t] = \dfrac{1}{s^2+1}$，$f(t) * \sin t = \int_0^t \sin(t-\tau) f(\tau) \mathrm{d}\tau$，所以对原方程两边取拉普拉斯变换，并考虑到卷积定理有

$$F(s) = \frac{1}{s^2+1} + F(s) \cdot \frac{1}{s^2+1}$$

那么

$$F(s) = \frac{1}{s^2}$$

取拉普拉斯逆变换得原方程的解为

$$f(t) = t$$

二、应用实例

从以上例子可以看出：利用拉普拉斯变换求解微分方程，可以很方便地直接找到其特解，而实际应用当中需要的往往就是特解而非通解，它避免了通过通解找特解的复杂运算. 另外，在求解一些积分方程、变系数微分方程的运算中，拉普拉斯变换也是一种重要有效的工具，特别是在一些实际应用当中，工程师更喜欢应用拉普拉斯变换来求解

一些微分、积分方程. 下面给出几个实例.

▣ **例5.21** 质量为 m 的物体挂在弹簧系数为 k 的弹簧一端（见图5-1），作用在物体上的外力 $f(t) = F_0\delta(t)$，其中 F_0 为常数，$\delta(t)$ 是单位脉冲函数.若物体自静止平衡位置 $x = 0$ 处开始运动，求物体的运动规律 $x(t)$.

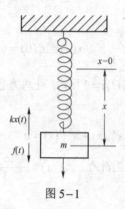

图5-1

解 根据牛顿第二定律与胡克定律有

$$mx''(t) = F_0\delta(t) - kx(t)$$

其中 $-kx(t)$ 是弹性恢复力，且 $x(0) = x'(0) = 0$. 那么，物体运动的初值问题为

$$mx''(t) + kx(t) = F_0\delta(t), \quad x(0) = x'(0) = 0$$

设 $\mathscr{L}[x(t)] = X(s)$，对方程两边取拉普拉斯变换，并考虑到初始条件，则得

$$ms^2 X(s) + kX(s) = F_0$$

记 $\omega_0^2 = \dfrac{k}{m}$，则有 $x(s) = \dfrac{F_0}{m(s^2 + \omega_0^2)}$.

取拉普拉斯逆变换得所求运动规律为

$$x(t) = \frac{F_0}{m\omega_0}\sin\omega_0 t$$

▣ **例5.22** 某电路如图5-2所示，起始状态为 0，$t = 0$ 时开关 S 闭合，接入直流电源 E，求电流 $i(t)$.

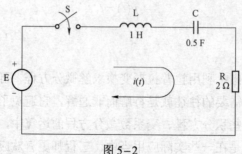

图5-2

解 根据基尔霍夫定律，有

$$L\frac{\mathrm{d}i(t)}{\mathrm{d}t} + Ri(t) + \frac{1}{C}\int_{-\infty}^{t} i(\tau)\mathrm{d}\tau = Eu(t), \quad i(0) = i'(0) = 0$$

设 $\mathscr{L}[i(t)] = I(s)$，对方程两边取拉普拉斯变换，并考虑到初始条件，有

$$LSI(s) + RI(s) + \frac{1}{Cs}I(s) = \frac{E}{s}$$

那么

$$I(s) = \frac{E}{s\left(Ls + R + \dfrac{1}{Cs}\right)} = \frac{E}{(s+1)^2 + 1}$$

取拉普拉斯逆变换得 $\quad i(t) = Ee^{-t}u(t)\sin t$

下面给出一个拉普拉斯变换在弹性地基梁静力学分析中的应用实例．

例 5.23 设局部弹性地基上的梁在荷载 $q(x)$ 作用下，梁和地基的位移为 $y(x)$，梁和地基的压力为 $p(x)$．根据温克尔假设，地基沉陷与压力的关系为

$$p(x) = ky(x)$$

其中系数 k 的单位为 $\mathrm{kg/cm}^2$．

解 弹性地基梁的挠曲线的近似微分方程为

$$EIy^{(4)}(x) = q(x) - ky(x)$$

即

$$y^{(4)}(x) + \left(\frac{k}{EI}\right)y(x) = \frac{q(x)}{EI} \tag{5.23}$$

当梁上作用集中荷载时，式（5.23）应该写为

$$y^{(4)}(x) + \left(\frac{k}{EI}\right)y(x) = \frac{P\delta(x-a)}{EI} \tag{5.24}$$

其中，P 是作用在弹性地基梁 $x = a$ 处的集中力，$\delta(x-a)$ 为狄拉克函数．

下面仅讨论半无限长梁的计算问题．

为方便记，令 $\dfrac{k}{EI} = 4\beta^4$，设 $\mathscr{L}[y(x)] = F(s)$．

对方程式（5.24）两边实施拉普拉斯变换有

$$s^4 F(s) - s^3 y_0 - s^2 y_0' - s y_0' - y_0^{(3)} + 4\beta^4 F(s) = \frac{Pe^{-sa}}{EI}$$

那么，$F(s) = \dfrac{s^3 y_0 + s^2 y_0' + s y_0' + y_0^{(3)}}{s^4 + 4\beta^4} + \dfrac{Pe^{-sa}}{EI\left(s^4 + 4\beta^4\right)}$．

取拉普拉斯逆变换则得

$$y(x) = y_0 \cos \beta x \mathrm{ch} \beta x + \left(\frac{y_0'}{2\beta} \right) (\sin \beta x \mathrm{ch} \beta x + \cos \beta x \mathrm{sh} \beta x) + \left(\frac{y_0''}{2\beta^2} \right) (\sin \beta x \mathrm{sh} \beta x) +$$

$$\left(\frac{y_0^{(3)}}{4\beta^3} \right) (\sin \beta x \mathrm{ch} \beta x - \cos \beta x \mathrm{sh} \beta x) + \left(\frac{P}{4\beta^3 EI} \right) (\sin \beta x \mathrm{ch} \beta x - \cos \beta x \mathrm{sh} \beta x) u(x-a)$$

其中，$u(x-a) = \begin{cases} 0, & 0 \leqslant x < a \\ 1, & x \geqslant a \end{cases}$.

  微分方程式（5.23）、式（5.24）分别为弹性地基梁在均匀荷载和集中荷载作用下的基本微分方程. 其中方程式（5.23）可用一般微分方程理论求解，但方程式（5.24）则无法采用一般微分方程理论求解.

  拉普拉斯变换把诸如微分、积分等运算转变成了代数运算，使相关运算得以简化，同时它还可以解决一些采用常规方法无法求解的问题，因此它是处理许多工程问题的简便有力的工具. 另外它最重要的贡献之一，则是奠定了微积分算子的基础. 因此，拉普拉斯变换也具有重大的理论意义.

习 题 五

1. 选择题.

（1）函数 $f(t) = t \mathrm{e}^{2t}$ 的拉普拉斯变换（   ）.

（A）$F(s) = \dfrac{1}{s-2}$ （B）$F(s) = \dfrac{1}{(s-2)^2}$

（C）$F(s) = \dfrac{1}{(s+2)^2}$ （D）$F(s) = -\dfrac{1}{(s-2)^2}$

（2）$F(s) = \dfrac{1}{s^2(s+1)}$ 的拉普拉斯逆变换为（   ）.

（A）$f(t) = t^2(t-1)$ （B）$f(t) = t^2 \mathrm{e}^{-t}$

（C）$f(t) = -1 + t + \mathrm{e}^{-t}$ （D）$f(t) = t + \mathrm{e}^{-t}$

（3）$F(s) = \dfrac{1}{(s+1)(s-2)(s+3)}$ 的拉普拉斯逆变换为（   ）.

（A）$f(t) = -\dfrac{1}{6} \mathrm{e}^{-t} + \dfrac{1}{15} \mathrm{e}^{2t} + \dfrac{1}{10} \mathrm{e}^{-3t}$ （B）$f(t) = -\dfrac{1}{6} \mathrm{e}^{-t} + \dfrac{1}{15} \mathrm{e}^{2t}$

（C）$f(t) = \dfrac{1}{15} \mathrm{e}^{2t} + \dfrac{1}{10} \mathrm{e}^{-3t}$ （D）$f(t) = \mathrm{e}^{-t} - 2 \mathrm{e}^{2t} + 3 \mathrm{e}^{-3t}$

2. 填空题.

（1）设 $u(t)$ 为单位阶跃函数，则 $u(t-1)$ 的拉普拉斯变换为＿＿＿＿＿＿＿＿.

（2）函数 $f(t) = \mathrm{e}^{-t} \sin t$ 的拉普拉斯变换为＿＿＿＿＿＿＿＿.

（3）函数 $F(s) = \dfrac{s^2}{(s^2+1)^2}$ 的拉普拉斯逆变换为_____.

（4）函数 $F(s) = \dfrac{1}{(s^2+4s+13)^2}$ 的拉普拉斯逆变换为_____.

3. 求下列函数的拉普拉斯变换.

（1） $f(t) = t^2$ ；

（2） $f(t) = \mathrm{e}^{-5t}$ ；

（3） $f(t) = \sin\dfrac{t}{2}$ ；

（4） $f(t) = \sin^2 t$ ；

（5） $f(t) = \begin{cases} 3, & 0 \leqslant t < 2 \\ -1, & 2 \leqslant t < 4 \\ 0, & t \geqslant 4 \end{cases}$ ；

（6） $f(t) = \begin{cases} \sin t, & 0 < t < \pi \\ 0, & t \geqslant \pi \end{cases}$ ；

（7） $f(t) = \mathrm{e}^{2t} + \delta(t)$ ；

（8） $f(t) = \delta(t)\cos t - u(t)\sin t$.

4. 利用拉普拉斯变换的性质求下列函数的拉普拉斯变换.

（1） $f(t) = (t-1)^2 \mathrm{e}^t$ ；

（2） $f(t) = \dfrac{\mathrm{e}^{3t}}{\sqrt{t}}$ ；

（3） $f(t) = \dfrac{\mathrm{d}^2}{\mathrm{d}t^2}\left(\mathrm{e}^{-t}\sin t\right)$ ；

（4） $f(t) = \mathrm{e}^{-4t}\cos 4t$

（5） $f(t) = t\,\mathrm{e}^{-3t}\sin 2t$ ；

（6） $f(t) = t\displaystyle\int_0^t \mathrm{e}^{-3t}\sin 2t\,\mathrm{d}t$.

5. 求下列函数的拉普拉斯逆变换.

（1） $F(s) = \dfrac{-2}{s^2-1}$ ；

（2） $F(s) = \dfrac{1}{s^2+a^2}$ ；

（3） $F(s) = \dfrac{2s+3}{s^2+9}$ ；

（4） $F(s) = \dfrac{\mathrm{e}^{-5s+1}}{s}$ ；

（5） $F(s) = \dfrac{1}{(s+2)^4}$ ；

（6） $F(s) = \dfrac{s}{s^4+5s^2+4}$.

6. 求下列函数的拉普拉斯逆变换的初值与终值.

（1） $F(s) = \dfrac{10(s+2)}{s(s+5)}$ ；

（2） $F(s) = \dfrac{1}{(s+3)^2}$.

7. 求下列函数的卷积.

（1） $t * t$ ；

（2） $\sin t * \cos t$.

8. 利用卷积定理求下列函数的拉普拉斯逆变换.

（1） $F(s) = \dfrac{a}{s(s^2+a^2)}$ ；

（2） $F(s) = \dfrac{s}{(s-a)^2(s-b)}$.

9. 求下列微分方程的解.

（1） $y''(t) - y(t) = 4\sin t + 5\cos 2t,\ y(0) = -1,\ y'(0) = -2$ ；

（2） $y''(t) + 3y'(t) + 2y(t) = u(t-1),\quad y(0) = 0,\ y'(0) = 1$ ；

（3）$y''(t)+2y'(t)-3y(t)=\mathrm{e}^{-t}$，$y(0)=0$，$y'(0)=1$；

（4）$y''(t)+2y'(t)+y(t)=2\cos t$，$y(0)=0$，$y'(0)=1$；

（5）$y''(t)+4y'(t)=0$，$y(0)=-2$，$y'(0)=4$；

（6）$y''(t)-2y'(t)+2y(t)=2\mathrm{e}^{t}\sin t$，$y(0)=y'(0)=0$；

（7）$y^{(4)}(t)+2y'''(t)-2y'(t)-y(t)=\delta(t)$，$y(0)=y'(0)=y''(0)=y'''(0)=0$．

10．求下列微分方程组的解．

（1）$\begin{cases} x'(t)+x(t)-y(t)=\mathrm{e}^{t} \\ y'(t)+3x(t)-2y(t)=2\mathrm{e}^{t} \end{cases}$，$x(0)=y(0)=1$；

（2）$\begin{cases} x'(t)+y''(t)=\delta(t) \\ 2x(t)+y'''(t)=2u(t) \end{cases}$，$x(0)=y(0)=y'(0)=y''(0)=0$；

（3）$\begin{cases} x''(t)-x(t)+y(t)+z(t)=0 \\ x(t)+y''(t)-y(t)+z(t)=0, \\ x(t)+y(t)+z''(t)-z(t)=0 \end{cases}$ $x(0)=1$，$y(0)=z(0)=x'(0)=y'(0)=z'(0)=0$；

（4）$\begin{cases} x''(t)+y'(t)+2x(t)=0 \\ x'(t)+y'(t)+x(t)=\cos t \end{cases}$，$x(0)=1$，$x'(0)=1$，$y(0)=1$；

（5）$\begin{cases} x''(t)+y'(t)-x'(t)=1 \\ y''(t)-x'(t)+2x(t)=\mathrm{e}^{t} \end{cases}$，$x(0)=x'(0)=1$，$y(0)=0$，$y'(0)=1$；

（6）$\begin{cases} x''(t)+y''(t)-2y'(t)+y(t)=t \\ x'(t)+y'(t)+2y(t)=1 \end{cases}$，$x(0)=x'(0)=0$，$y(0)=0$，$y'(0)=1$；

（7）$\begin{cases} -x''(t)+y''(t)+x'(t)-y(t)=\mathrm{e}^{t}-2 \\ 2y''(t)-x''(t)-2y'(t)+x(t)=-t \end{cases}$，$x(0)=x'(0)=y(0)=y'(0)=0$．

11．设在原点处有一质量为 m 的质点，当 $t=0$ 时，其在 x 方向上受到冲击力 $k\delta(t)$ 的作用，其中 k 为常数．假定质点的初速度为零，求其运动规律．

第六章　级　　数

级数是研究解析函数的除微积分理论之外的另一种重要工具，复变函数中的泰勒级数是高等数学中泰勒级数的推广，二者之间联系密切并且有许多类似的地方．洛朗级数是突破了泰勒级数适用区域的一种重要级数，是最著名的三大级数之一．级数理论在分析数学中占据了很重要的地位，具有重大的理论价值，同时，级数也是人们解决实际工程问题的重要工具．

第一节　复数项级数

复变函数中的泰勒级数是高等数学中泰勒级数的推广，本章中的许多基本概念和基本理论都与高等数学的相关问题类似，对有些问题这里就不再详尽地介绍了．

一、复数项级数的概念

> **定义 6.1**　设 $\{z_n\}$ $(n=1,2,\cdots)$ 为一复数序列，表达式
>
> $$\sum_{n=1}^{\infty} z_n = z_1 + z_2 + \cdots + z_n + \cdots \tag{6.1}$$
>
> 称为复数项无穷级数．定义其部分和为
>
> $$S_n = z_1 + z_2 + \cdots + z_n$$
>
> 如果部分和序列 $\{S_n\}$ 收敛于常数 S，则称级数 $\sum_{n=1}^{\infty} z_n$ 是收敛的，称级数 $\sum_{n=1}^{\infty} z_n$ 的和是 S，
>
> 或者说级数 $\sum_{n=1}^{\infty} z_n$ 收敛于 S，记作
>
> $$\sum_{n=1}^{\infty} z_n = S$$
>
> 如果序列 $\{S_n\}$ 不收敛，则称级数 $\sum_{n=1}^{\infty} z_n$ 发散．

序列是一种特殊的函数，由定理 1.1 容易得到下面的结论．

设 $z_n = x_n + \mathrm{i} y_n\ (n=1,2,\cdots)$，$S = X + \mathrm{i} Y$，那么级数 $\sum\limits_{n=1}^{\infty} z_n$ 收敛于 S 的充要条件是

$$\sum_{n=1}^{\infty} x_n = X，\quad \sum_{n=1}^{\infty} y_n = Y.$$

二、收敛级数的基本性质

定理 6.1 级数 $\sum\limits_{n=1}^{\infty} z_n$ 收敛的必要条件是

$$\lim_{n\to\infty} z_n = \lim_{n\to\infty}(x_n + \mathrm{i} y_n) = 0 \tag{6.2}$$

证明 当 $\sum\limits_{n=1}^{\infty} z_n$ 收敛时，实级数 $\sum\limits_{n=1}^{\infty} x_n$ 和 $\sum\limits_{n=1}^{\infty} y_n$ 均收敛，那么，$\lim\limits_{n\to\infty} x_n = 0$，$\lim\limits_{n\to\infty} y_n = 0$，于是有 $\lim\limits_{n\to\infty} z_n = 0$.

定义 6.2 如果级数 $\sum\limits_{n=1}^{\infty} |z_n|$ 收敛，则称级数 $\sum\limits_{n=1}^{\infty} z_n$ 绝对收敛；如果级数 $\sum\limits_{n=1}^{\infty} |z_n|$ 发散，但级数 $\sum\limits_{n=1}^{\infty} z_n$ 收敛，则称级数 $\sum\limits_{n=1}^{\infty} z_n$ 条件收敛.

定理 6.2 如果级数 $\sum\limits_{n=1}^{\infty} z_n$ 绝对收敛，则 $\sum\limits_{n=1}^{\infty} z_n$ 一定收敛.

证明 因为 $\sum\limits_{n=1}^{\infty} |z_n| = \sum\limits_{n=1}^{\infty} \sqrt{x_n^2 + y_n^2}$，且

$$|x_n| \leqslant \sqrt{x_n^2 + y_n^2}, |y_n| \leqslant \sqrt{x_n^2 + y_n^2}$$

根据实分析中正项级数的比较审敛法知 $\sum\limits_{n=1}^{\infty} |x_n|$，$\sum\limits_{n=1}^{\infty} |y_n|$ 均收敛，从而 $\sum\limits_{n=1}^{\infty} x_n$，$\sum\limits_{n=1}^{\infty} y_n$ 均收敛，于是 $\sum\limits_{n=1}^{\infty} z_n$ 也收敛.

例 6.1 判断下列级数的收敛性.

（1）$\sum\limits_{n=1}^{\infty} (1-\mathrm{i})^n$；　　（2）$\sum\limits_{n=1}^{\infty} \dfrac{\mathrm{i}^n}{n}$；　　（3）$\sum\limits_{n=0}^{\infty} \dfrac{(3+4\mathrm{i})^n}{6^n}$.

解 （1）因为 $\lim\limits_{n\to\infty} |(1-\mathrm{i})^n| = \lim\limits_{n\to\infty} 2^{\frac{n}{2}} \neq 0$，故原级数发散.

（2）由于

$$\sum_{n=1}^{\infty}\frac{i^n}{n}=-\left(\frac{1}{2}-\frac{1}{4}+\frac{1}{6}-\frac{1}{8}+\cdots\right)+i\left(1-\frac{1}{3}+\frac{1}{5}-\frac{1}{7}+\cdots\right)$$

且右边级数的实部与虚部组成的交错级数均收敛，故 $\sum_{n=1}^{\infty}\frac{i^n}{n}$ 收敛. 但

$$\sum_{n=1}^{\infty}\left|\frac{i^n}{n}\right|=\sum_{n=1}^{\infty}\frac{1}{n}$$

发散，所以 $\sum_{n=1}^{\infty}\frac{i^n}{n}$ 条件收敛，而非绝对收敛.

（3）因为 $\sum_{n=0}^{\infty}\left|\frac{(3+4i)^n}{6^n}\right|=\sum_{n=0}^{\infty}\frac{5^n}{6^n}$ ，而级数 $\sum_{n=0}^{\infty}\left(\frac{5}{6}\right)^n$ 收敛，所以 $\sum_{n=0}^{\infty}\frac{(3+4i)^n}{6^n}$ 绝对收敛.

第二节 幂 级 数

一、幂级数的概念

下面介绍一种常用的函数项级数——幂级数.

> **定义 6.3** 设 $c_n\ (n=0,1,2,\cdots)$ 及 z_0 均为复常数，z 是 z_0 邻域内的任一点，则称形如
>
> $$\sum_{n=0}^{\infty}c_n(z-z_0)^n=c_0+c_1(z-z_0)+c_2(z-z_0)^2+\cdots+c_n(z-z_0)^n+\cdots \tag{6.3}$$
>
> 的函数项级数为幂级数.

$$S_n(z)=c_0+c_1(z-z_0)+c_2(z-z_0)^2+\cdots+c_n(z-z_0)^n$$

称为幂级数 $\sum_{n=0}^{\infty}c_n(z-z_0)^n$ 的部分和. 若级数在区域 D 内收敛于函数 $S(z)$，则称 $S(z)$ 是幂级数在 D 内的一个和函数. 即

$$S(z)=c_0+c_1(z-z_0)+c_2(z-z_0)^2+\cdots+c_n(z-z_0)^n+\cdots$$

当 $z_0=0$ 时，则幂级数 $\sum_{n=0}^{\infty}c_n(z-z_0)^n$ 具有以下形式：

$$\sum_{n=0}^{\infty}c_n z^n=c_0+c_1 z+c_2 z^2+\cdots+c_n z^n+\cdots \tag{6.4}$$

后面主要以 $\sum\limits_{n=0}^{\infty}c_n z^n$ 为例进行讨论，接下来介绍阿贝尔（Abel）定理.

定理 6.3 若幂级数

$$\sum_{n=0}^{\infty}c_n z^n = c_0 + c_1 z + c_2 z^2 + \cdots + c_n z^n + \cdots$$

在 $z = z_1 (z_1 \neq 0)$ 处收敛，那么对满足 $|z| < |z_1|$ 的 z，级数绝对收敛；若此级数在 $z = z_2$ 处发散，那么对满足 $|z| > |z_2|$ 的 z，级数发散.

这个定理的证明过程与高等数学中级数的阿贝尔（Abel）定理的证明过程类似，此处从略.

二、幂级数的收敛半径

与实幂级数类似，复幂级数的收敛域也有三种情况，同时也有收敛半径的概念. 复幂级数的收敛半径的确是一个圆域的半径.

下面介绍用于求幂级数收敛半径的比值法和根值法.

定理 6.4 对于幂级数 $\sum\limits_{n=0}^{\infty}c_n z^n$，如果下列条件之一成立：

（1）$\lim\limits_{n\to\infty}\left|\dfrac{c_{n+1}}{c_n}\right| = \rho$ （比值法）；

（2）$\lim\limits_{n\to\infty}\sqrt[n]{|c_n|} = \rho$ （根值法）.

则该级数的收敛半径为

$$R = \begin{cases} \dfrac{1}{\rho}, & 0 < \rho < +\infty \\ 0, & \rho = +\infty \\ +\infty, & \rho = 0 \end{cases}$$

■ **例 6.2** 求下列级数的收敛半径.

（1）$\sum\limits_{n=0}^{\infty}z^n$；　　　　（2）$\sum\limits_{n=0}^{\infty}\left(\dfrac{n}{n+1}\right)^n z^n$；

（3）$\sum\limits_{n=0}^{\infty}n!z^n$；　　　　（4）$\sum\limits_{n=0}^{\infty}\dfrac{(z-i)^n}{n}$.

解 （1）$\lim\limits_{n\to\infty}\left|\dfrac{c_{n+1}}{c_n}\right| = \lim\limits_{n\to\infty}\left|\dfrac{1}{1}\right| = 1$，故收敛半径 $R = 1$；

（2）$\lim\limits_{n\to\infty}\sqrt[n]{|c_n|}=\lim\limits_{n\to\infty}\dfrac{n}{n+1}=1$，故收敛半径 $R=1$；

（3）$\lim\limits_{n\to\infty}\left|\dfrac{c_{n+1}}{c_n}\right|=\lim\limits_{n\to\infty}(n+1)=+\infty$，故收敛半径 $R=0$；

（4）令 $\xi=z-\mathrm{i}$，则 $\sum\limits_{n=0}^{\infty}\dfrac{(z-\mathrm{i})^n}{n}=\sum\limits_{n=0}^{\infty}\dfrac{\xi^n}{n}$，由于 $\lim\limits_{n\to\infty}\left|\dfrac{c_{n+1}}{c_n}\right|=1$，所以，当 $|\xi|<1$ 即 $|z-\mathrm{i}|<1$ 时，级数收敛，收敛半径为 1.

注意：幂级数在收敛圆周上的收敛性往往不同，也就是在收敛圆盘边界上的点处的级数可能发散，也可能收敛.

三、幂级数和函数的性质

正如高等数学上幂级数的解析运算性质一样，有如下定理.

定理 6.5 幂级数 $\sum\limits_{n=0}^{\infty}c_n z^n$ 的和函数 $f(z)$ 在它的收敛圆内是解析的，级数在收敛圆域内可逐项求导、可逐项积分，并且收敛半径 R 不改变，即

$$f'(z)=\left(\sum_{n=0}^{\infty}c_n z^n\right)'=\sum_{n=0}^{\infty}(c_n z^n)'=\sum_{n=1}^{\infty}nc_n z^{n-1},\quad |z|<R$$

$$\int_C f(z)\,\mathrm{d}z=\int_C\sum_{n=0}^{\infty}c_n z^n\,\mathrm{d}z=\sum_{n=0}^{\infty}c_n\int_C z^n\,\mathrm{d}z,\quad C\subset|z|<R$$

$$\text{或}\quad \int_0^z f(z)\,\mathrm{d}z=\sum_{n=0}^{\infty}\dfrac{c_n}{n+1}z^{n+1}$$

例如，当 $|z|<1$ 时，有

$$\dfrac{1}{1+z}=\sum_{n=0}^{\infty}(-1)^n z^n=1-z+z^2-\cdots+(-1)^n z^n+\cdots$$

故可以得到

$$\dfrac{1}{(1+z)^2}=-\left(\dfrac{1}{1+z}\right)'=-\left[\sum_{n=0}^{\infty}(-1)^n z^n\right]'$$

$$=\sum_{n=1}^{\infty}(-1)^{n+1}nz^{n-1}=1-2z+3z^2-\cdots+(-1)^{n+1}nz^{n-1}+\cdots$$

$$\ln(1+z)=\int_0^z\dfrac{1}{1+z}\,\mathrm{d}z=\int_0^z\sum_{n=0}^{\infty}(-1)^n z^n\,\mathrm{d}z$$

$$=\sum_{n=0}^{\infty}\dfrac{(-1)^n z^{n+1}}{n+1}=z-z^2+\dfrac{z^3}{2}-\cdots+\dfrac{(-1)^n z^{n+1}}{n+1}+\cdots$$

就像高等数学中函数展开成幂级数一样，在复变函数中同样可以通过恒等变形、逐项求导和逐项积分的方法将函数展开成幂级数，也就是解析函数的幂级数，这将在下一节中讲解.

第三节 泰 勒 级 数

在本章第二节中，我们知道一个收敛幂级数的和函数在其收敛圆域内一定是解析的，反之，一个解析函数是否可以展开成幂级数呢？答案是肯定的，本节就讨论这一问题.

定理 6.6 设函数 $f(z)$ 在圆域 D：$|z-z_0|<R$ 内解析，则在 D 内 $f(z)$ 可展开为幂级数

$$f(z)=\sum_{n=0}^{\infty}c_n(z-z_0)^n \tag{6.5}$$

其中，$c_n=\dfrac{f^{(n)}(z_0)}{n!}$，$n=0,1,2,\cdots$.

证明 设 z 为圆域 D 内的任一点，在 D 内作一圆周 L：$|\xi-z_0|=\rho<R$ 使得 $|z-z_0|<\rho$，$f(z)$ 在 L 上及其所围区域内是解析的，由柯西积分公式有

$$f(z)=\frac{1}{2\pi i}\int_L\frac{f(s)}{\xi-z}\mathrm{d}\xi \tag{6.6}$$

因为 $|z-z_0|<\rho$，而 ξ 在 L 上，故 $\left|\dfrac{z-z_0}{\xi-z_0}\right|<1$，则有展开式

$$\frac{1}{\xi-z}=\frac{1}{(\xi-z_0)-(z-z_0)}=\frac{1}{(\xi-z_0)}\frac{1}{1-\dfrac{z-z_0}{\xi-z_0}}$$

$$=\frac{1}{(\xi-z_0)}\sum_{n=0}^{\infty}\left(\frac{z-z_0}{\xi-z_0}\right)^n=\sum_{n=0}^{\infty}\frac{(z-z_0)^n}{(\xi-z_0)^{n+1}}$$

代入式（6.6）得

$$f(z)=\frac{1}{2\pi i}\int_L\left[\sum_{n=0}^{N-1}\frac{f(\xi)}{(\xi-z_0)^{n+1}}\right](z-z_0)^n\mathrm{d}\xi+R_N(z)$$

其中

$$R_N(z)=\frac{1}{2\pi i}\int_L\left[\sum_{n=N}^{\infty}\frac{f(\xi)}{(\xi-z_0)^{n+1}}(z-z_0)^n\right]\mathrm{d}\xi$$

由高阶导公式得 $f(z) = \sum_{n=0}^{N-1} \dfrac{f^{(n)}(z_0)}{n!}(z-z_0)^n + R_N(z)$.

下面证 $\lim\limits_{N \to 0} R_N(z) = 0$.

由于 $f(z)$ 在圆域 D 内解析，从而 $f(z)$ 在 L 上连续，因此，存在一个正常数 M ，在 L 上有 $|f(s)| \leqslant M$ ，又由于 $\left| \dfrac{z-z_0}{s-z_0} \right| = \dfrac{|z-z_0|}{\rho} = q < 1$ ，于是有

$$|R_N(z)| \leqslant \frac{1}{2\pi} \int_L \left[\sum_{n=N}^{\infty} \frac{|f(\xi)|}{|\xi - z_0|} \left| \frac{z-z_0}{\xi - z_0} \right|^n \right] ds$$

$$\leqslant \frac{1}{2\pi} \sum_{n=N}^{\infty} \frac{2\pi\rho M}{\rho} q^n = \frac{Mq^N}{1-q}$$

因为 $\lim\limits_{N \to \infty} q^N = 0$ ，所以 $\lim\limits_{N \to \infty} R_N(z) = 0$ 在 L 内成立，于是有

$$f(z) = \sum_{n=0}^{\infty} \frac{f^{(n)}(z_0)}{n!}(z-z_0)^n$$

当 $z_0 = 0$ 时，就得到常用的麦克劳林级数：

$$f(z) = f(0) + \frac{f'(0)}{1!}z + \frac{f''(0)}{2!}z^2 + \cdots + \frac{f^{(n)}(0)}{n!}z^n + \cdots$$

注意：（1）函数在一点解析的必要条件是它在这点的某邻域内可以展开为幂级数.

（2）$f(z)$ 在 z_0 的泰勒展开式是唯一的，因为假如 $f(z)$ 在 z_0 有另一展开式

$$f(z) = b_0 + b_1(z-z_0) + b_2(z-z_0)^2 + \cdots + b_n(z-z_0)^n + \cdots$$

当 $z = z_0$ 时有 $b_0 = f(z_0)$ ，然后按幂级数在收敛圆内可逐项求导的性质，将上式两端求导后，令 $z = z_0$ 时有 $b_1 = f'(z_0)$ ，同理可得 $b_n = \dfrac{f^{(n)}(z_0)}{n!}$ $(n = 0,1,2,\cdots)$.

（3）如果 $f(z)$ 在 z_0 点解析，α 是 $f(z)$ 距离 z_0 最近的一个奇点，那么 $f(z)$ 在 z_0 的泰勒级数的收敛半径 $R = |z_0 - \alpha|$.

与高等数学中级数问题类似，可以用直接法或间接法将解析函数 $f(z)$ 展开为幂级数，下面举例说明.

例 6.3 将函数 $f(z) = e^z$ 展开成麦克劳林级数.

解 函数 $f(z) = e^z$ 在整个复平面上解析，它的各阶导数都等于 e^z ，即 $f^{(n)}(z) = e^z$ ，$f^{(n)}(0) = 1$.则 $c_n = \dfrac{f^{(n)}(0)}{n!} = \dfrac{1}{n!}$ ，所以所求的展开式为

$$e^z = \sum_{n=0}^{\infty} \frac{1}{n!}z^n = 1 + \frac{1}{1!}z + \frac{1}{2!}z^2 + \cdots + \frac{1}{n!}z^n + \cdots \quad (|z| < +\infty)$$

级数的收敛域可以由两种方法来确定.

（1）从级数的系数，按求收敛半径的公式可得

$$\frac{1}{R} = \lim_{n\to\infty} \sqrt[n]{\frac{1}{n!}} = 0$$

所以，$R = +\infty$.

（2）从函数的解析性区域看，e^z 在全平面解析，故在 $|z| < +\infty$ 可展开为泰勒级数. 由此，级数的收敛圆就是 $|z| < +\infty$，即 $R = +\infty$.

例 6.4 将函数 $f(z) = \sin z$ 展开成麦克劳林级数.

解 由指数函数的麦克劳林展式及级数的性质易得

$$\sin z = \frac{e^{iz} - e^{-iz}}{2i} = \frac{1}{2i}\left[\sum_{n=0}^{+\infty} \frac{(iz)^n}{n!} - \sum_{n=0}^{+\infty} \frac{(-iz)^n}{n!}\right]$$

整理得

$$\sin z = \sum_{n=0}^{+\infty} \frac{(-1)^n z^{2n+1}}{(2n+1)!}$$

$$= z - \frac{z^3}{3!} + \frac{z^5}{5!} - \cdots + (-1)^n \frac{z^{2n+1}}{(2n+1)!} + \cdots \quad (|z| < +\infty)$$

同理可得

$$\cos z = \sum_{n=0}^{+\infty} \frac{(-1)^n z^{2n}}{(2n)!}$$

$$= 1 - \frac{z^2}{2!} + \frac{z^4}{4!} - \cdots + (-1)^n \frac{z^{2n}}{(2n)!} + \cdots \quad (|z| < +\infty)$$

例 6.5 将 $f(z) = \frac{1}{1-z}$ 展开成麦克劳林级数.

解 因为 $f(z) = \frac{1}{1-z}$ 在整个复平面内除 $z=1$ 点外解析，因此 $f(z) = \frac{1}{1-z}$ 可以在 $|z| < 1$ 内展开为幂级数. 又

$$f^{(n)}(z) = \frac{n!}{(1-z)^{n+1}}, \quad f^{(n)}(0) = n!$$

所以可以得到

$$\frac{1}{1-z} = \sum_{n=0}^{\infty} z^n$$

$$= 1 + z + z^2 + \cdots + z^n + \cdots \quad (|z| < 1)$$

例 6.6 将函数 $f(z) = \frac{z}{z^2 - 2z - 3}$ 在 $z=1$ 处展开为幂级数.

解 因为 $f(z) = \frac{z}{z^2 - 2z - 3}$ 在 $|z-1| < 2$ 内解析，故 $f(z)$ 在 $|z-1| < 2$ 内可以展开

为 $z-1$ 的幂级数.

$$f(z) = \frac{z-1+1}{(z-1)^2-4}$$

$$= -\frac{1}{4}\left[\frac{z-1}{1-\left(\frac{z-1}{2}\right)^2} + \frac{1}{1-\left(\frac{z-1}{2}\right)^2}\right]$$

$$= -\sum_{n=0}^{+\infty}\frac{1}{4^{n+1}}\left[(z-1)^{2n}+(z-1)^{2n+1}\right] \qquad (|z-1|<2)$$

例 6.7 求函数 $f(z) = \dfrac{z}{z+2}$ 在 $z=1$ 的邻域内的泰勒展开式.

解 在复平面上,$f(z)$ 仅有一个奇点 $z=-2$,其幂级数的收敛半径为 $R=|-2-1|=3$,那么 $f(z)$ 在 $|z-1|<3$ 内可展开为 $z-1$ 的幂级数. 因此

$$\frac{z}{z+2} = 1-\frac{2}{(z-1)+3} = 1-\frac{2}{3}\frac{1}{1+\dfrac{z-1}{3}}$$

$$= 1-\frac{2}{3}\left(1-\frac{z-1}{3}+\frac{(z-1)^2}{3^2}-\cdots+(-1)^n\frac{(z-1)^n}{3^n}+\cdots\right)$$

$$= \frac{1}{3}+2\left(\sum_{n=1}^{\infty}(-1)^{n-1}\frac{(z-1)^n}{3^{n+1}}\right) \qquad (|z-1|<3)$$

例 6.8 将函数 $f(z) = \dfrac{1}{(1-z)^2}$ 展开成 $z-\mathrm{i}$ 的幂级数.

解 因为 $f(z)$ 仅有一个奇点 $z=1$,其幂级数的收敛半径为 $R=|1-\mathrm{i}|=\sqrt{2}$,所以它在 $|z-\mathrm{i}|<\sqrt{2}$ 内可展开为 $z-\mathrm{i}$ 的幂级数. 因此

$$\frac{1}{(1-z)^2} = \left(\frac{1}{1-z}\right)' = \left(\frac{1}{1-\mathrm{i}-(z-\mathrm{i})}\right)'$$

$$= \left(\frac{1}{1-\mathrm{i}}\frac{1}{1-\dfrac{z-\mathrm{i}}{1-\mathrm{i}}}\right)' = \frac{1}{1-\mathrm{i}}\left[\sum_{n=0}^{\infty}\left(\frac{z-\mathrm{i}}{1-\mathrm{i}}\right)^n\right]'$$

$$= \frac{1}{1-\mathrm{i}}\sum_{n=1}^{\infty}n\left(\frac{z-\mathrm{i}}{1-\mathrm{i}}\right)^{n-1} = \sum_{n=1}^{\infty}n\frac{(z-\mathrm{i})^{n-1}}{(1-\mathrm{i})^n} \qquad (|z-\mathrm{i}|<\sqrt{2})$$

第四节 洛 朗 级 数

函数 $f(z) = \dfrac{1}{1-z}$ 在单位圆 $|z| < 1$ 内可以展开为麦克劳林级数 $\dfrac{1}{1-z} = \sum\limits_{n=0}^{\infty} z^n$ ，在此单

位圆之外 $f(z) = \dfrac{1}{1-z}$ 也是解析的，这种情况下函数能不能展开成 z 的某种幂级数呢？此

时函数当然不能展开成 z 的泰勒级数，但可以展开成洛朗级数.

首先给出洛朗级数的概念.

> **定义 6.4** 形如
>
> $$\sum_{n=-\infty}^{+\infty} c_n(z-z_0)^n \tag{6.7}$$
>
> 的级数称为洛朗（Laurent）级数. 其中 c_n, z_0 为复常数， c_n 称为级数的系数.

如果级数

$$\sum_{n=0}^{+\infty} c_n(z-z_0)^n \tag{6.8}$$

和

$$\sum_{n=-\infty}^{-1} c_n(z-z_0)^n \text{ 或 } \sum_{n=1}^{+\infty} c_{-n}(z-z_0)^{-n} \tag{6.9}$$

在点 z 都收敛，则称级数（6.7）在点 z 收敛.

级数（6.8）是一个幂级数，设其收敛半径为 R_1 ，若 $R_1 > 0$ ，则级数（6.3）在 $|z-z_0| < R_1$ 内绝对收敛.

若设 $\xi = \dfrac{1}{z-z_0}$ ，则级数（6.9）变为

$$\sum_{n=1}^{+\infty} c_{-n}\xi^n$$

它是 ξ 的幂级数.设收敛半径为 λ ，若 $\lambda > 0$ ，则级数（6.9）在 $|\xi| < \lambda$ 内绝对收敛，故级数（6.9）在 $\left|\dfrac{1}{z-z_0}\right| < \lambda$ ，即 $R_2 = \dfrac{1}{\lambda} < |z-z_0| < +\infty$ 内绝对收敛.

若 $R_1 > R_2$ ，则级数（6.8）和级数（6.9）同时在圆环 $R_2 < |z-z_0| < R_1$ 内收敛，从而洛朗级数（6.7）在圆环内收敛. 此圆环称为级数的收敛圆环.

若 $R_1 < R_2$ ，则洛朗级数（6.7）处处发散.

若 $R_1 = R_2$，则洛朗级数（6.7）可能收敛，也可能发散.

下面的定理给出了如何将圆环上的解析函数展开为洛朗级数的方法.

定理 6.7（洛朗定理） 设函数 $f(z)$ 在圆环域 $R_1 < |z - z_0| < R_2$ 内解析，则 $f(z)$ 一定能在此圆环域中展开为

$$f(z) = \sum_{n=-\infty}^{+\infty} c_n (z - z_0)^n \tag{6.10}$$

其中

$$c_n = \frac{1}{2\pi i} \oint_C \frac{f(z)}{(z - z_0)^{n+1}} \mathrm{d}z \quad (n = 0, \pm 1, \pm 2, \cdots)$$

而 C 为此圆环域内绕 z_0 的任一简单闭曲线.

证明 在圆环域内作圆 $\Gamma_1: |\xi - z_0| = r$ 和 $\Gamma_2: |\xi - z_0| = R$，其中 $R_1 < r < R < R_2$，设 z 是圆环域 $r < |z - z_0| < R$ 内的任一点（见图 6-1），根据多连通域的柯西积分公式，得

$$f(z) = \frac{1}{2\pi i} \oint_{\Gamma_2} \frac{f(\xi)}{\xi - z} \mathrm{d}\xi - \frac{1}{2\pi i} \oint_{\Gamma_1} \frac{f(\xi)}{\xi - z} \mathrm{d}\xi \tag{6.11}$$

对于式（6.11）右端第一个积分，由于 ξ 在 Γ_2 上，点 z 在 Γ_2 的内部，所以有

$$\left| \frac{z - z_0}{\xi - z_0} \right| < 1$$

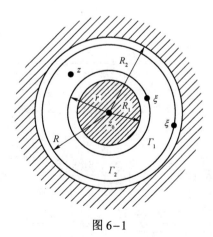

图 6-1

又因为 $f(\xi)$ 在 Γ_2 上连续，所以存在常数 $M > 0$，使得 $|f(\xi)| < M$. 与泰勒定理的证明一样，当 $|\xi - z_0| < R$ 时有

$$\frac{1}{2\pi i}\oint_{\Gamma_2}\frac{f(\xi)}{\xi-z}\mathrm{d}\xi=\sum_{n=0}^{+\infty}c_n(z-z_0)^n$$

其中

$$c_n=\frac{1}{2\pi i}\oint_{\Gamma_2}\frac{f(\xi)}{(\xi-z_0)^{n+1}}\mathrm{d}\xi \quad (n=0,1,2,\cdots) \tag{6.12}$$

对于式（6.11）右端第二个积分，由于 ξ 在 Γ_1 上，点 z 在 Γ_1 的外部，所以有

$$\left|\frac{\xi-z_0}{z-z_0}\right|<1$$

于是

$$\frac{1}{\xi-z}=-\frac{1}{z-z_0}\cdot\frac{1}{1-\dfrac{\xi-z_0}{z-z_0}}$$

$$=-\sum_{n=1}^{+\infty}\frac{(\xi-z_0)^{n-1}}{(z-z_0)^n}=-\sum_{n=1}^{+\infty}\frac{(z-z_0)^{-n}}{(\xi-z_0)^{-n+1}}$$

所以

$$-\frac{1}{2\pi i}\oint_{\Gamma_1}\frac{f(\xi)}{\xi-z}\mathrm{d}\xi=\frac{1}{2\pi i}\left[\sum_{n=1}^{N-1}\oint_{\Gamma_1}\frac{f(\xi)}{(\xi-z)^{-n+1}}\mathrm{d}\xi\right](z-z_0)^{-n}+R_N(z)$$

其中

$$R_N(z)=\frac{1}{2\pi i}\oint_{\Gamma_1}\left[\sum_{n=N}^{\infty}\frac{f(\xi)(\xi-z_0)^{n-1}}{(z-z_0)^n}\right]\mathrm{d}\xi$$

令

$$\left|\frac{\xi-z_0}{z-z_0}\right|=\frac{r}{|z-z_0|}=q$$

显然 $0\leqslant q<1$，由于点 z 在 Γ_1 的外部，$|f(\xi)|$ 在 Γ_1 上连续，所以存在常数 $M>0$，使得 $|f(\xi)|\leqslant M$．因此

$$R_N(z)\leqslant\frac{1}{2\pi}\oint_{\Gamma_1}\left[\sum_{n=N}^{\infty}\frac{|f(\xi)|}{|z-z_0|}\left|\frac{\xi-z_0}{z-z_0}\right|^n\right]\mathrm{d}\xi$$

$$\leqslant\frac{1}{2\pi}\sum_{n=N}^{\infty}\frac{M}{r}q^n\cdot 2\pi r=\frac{Mq^N}{1-q}$$

由于 $\lim_{N\to\infty}q^N=0$，故 $\lim_{N\to\infty}R_N(z)=0$．从而有

$$-\frac{1}{2\pi i}\oint_{\varGamma_1}\frac{f(\xi)}{\xi-z}\mathrm{d}\xi=\sum_{n=1}^{+\infty}c_{-n}(z-z_0)^{-n}$$

其中

$$c_{-n}=\frac{1}{2\pi i}\oint_{\varGamma_1}\frac{f(\xi)}{(\xi-z_0)^{-n+1}}\mathrm{d}\xi \quad (n=1,2,\cdots) \tag{6.13}$$

综上所述，有

$$f(z)=\sum_{n=0}^{+\infty}c_n(z-z_0)^n+\sum_{n=1}^{+\infty}c_{-n}(z-z_0)^{-n}$$
$$=\sum_{n=-\infty}^{+\infty}c_n(z-z_0)^n$$

如果在圆环内取绕 z_0 的任一条简单闭曲线 C，根据柯西定理的推广，式（6.12）和式（6.13）的系数表达式可以用同一个式子表示，即

$$c_n=\frac{1}{2\pi i}\oint_C\frac{f(\xi)}{(\xi-z_0)^{n+1}}\mathrm{d}\xi \quad (n=0,\pm1,\pm2,\cdots)$$

于是，定理结论成立.

式（6.10）称为 $f(z)$ 在以 z_0 为中心的圆环域 $R_1<|z-z_0|<R_2$ 内的洛朗展开式，其右端的级数称为 $f(z)$ 在此圆环域内的洛朗级数. 级数中非负整数次幂部分和负整数次幂部分分别称为洛朗级数的解析部分和主要部分.

注意：（1）在实际应用中，往往需要把在某点 z_0 不解析但在 z_0 的去心邻域内解析的函数 $f(z)$ 展开成幂级数，那么就需要利用洛朗级数来展开.

（2）$f(z)$ 在以 z_0 为中心的圆环域 $R_1<|z-z_0|<R_2$ 内的洛朗展开式是唯一的.

证明　如果 $f(z)$ 在此圆环域内有另外一个展开式

$$f(z)=\sum_{n=-\infty}^{+\infty}b_n(z-z_0)^n$$

用 $(z-z_0)^{-m-1}$ 去乘上式两端，并沿圆周 C 积分，参照积分

$$\oint_C(\xi-z_0)^{n-m-1}\mathrm{d}\xi=\begin{cases}2\pi i,\ n=m\\0,\quad n\neq m\end{cases}$$

得

$$\oint_C\frac{f(\xi)}{(\xi-z_0)^{m+1}}\mathrm{d}\xi=\sum_{n=-\infty}^{+\infty}b_n\oint_C(\xi-z_0)^{n-m-1}\mathrm{d}\xi=2\pi i\,b_m$$

所以

$$b_m=\frac{1}{2\pi i}\oint_C\frac{f(\xi)}{(\xi-z_0)^{m+1}}\mathrm{d}\xi=c_m \quad (m=0,\pm1,\pm2,\cdots)$$

即展开式是唯一的.

将一个函数 $f(z)$ 展开成洛朗级数的常用方法是：设法把函数拆成两部分，一部分在圆盘 $|z-z_0|<R_2$ 内解析，从而可展开成幂级数；另一部分在圆周的外部 $|z-z_0|>R_1$ 内解析，从而可展开成负整数次幂级数.

例 6.9 将函数 $f(z)=\dfrac{1}{(z-2)(z-3)^2}$ 在 $0<|z-2|<1$ 中展开洛朗级数.

解 因为 $f(z)$ 在 $0<|z-2|<1$ 内解析，故可以展开为 $z-2$ 的洛朗级数.

由于

$$\frac{1}{z-3}=\frac{1}{(z-2)-1}=-\frac{1}{1-(z-2)}$$

$$=-\sum_{n=0}^{+\infty}(z-2)^n \qquad (|z-2<1|)$$

而

$$\frac{1}{(z-3)^2}=-\left(\frac{1}{z-3}\right)'$$

$$=\left[\sum_{n=0}^{+\infty}(z-2)^n\right]'$$

$$=1+2(z-2)+\cdots+n(z-2)^{n-1}+\cdots \qquad (|z-2<1|)$$

所以

$$f(z)=\frac{1}{(z-2)(z-3)^2}$$

$$=\frac{1}{z-2}\left[1+2(z-2)+\cdots+n(z-2)^n+\cdots\right]$$

$$=\sum_{n=1}^{+\infty}n(z-2)^{n-2} \qquad (0<|z-2|<1)$$

例 6.10 将函数 $f(z)=\dfrac{\ln(2-z)}{z(z-1)}$ 在 $0<|z-1|<1$ 内展开成洛朗级数.

解 因为

$$\frac{1}{z}=\frac{1}{1+(z-1)}=\sum_{k=0}^{\infty}(-1)^k(z-1)^k \qquad (|z-1|<1)$$

$$\ln(2-z)=\ln[1-(z-1)]$$

$$=-\sum_{n=0}^{\infty}\frac{(z-1)^{n+1}}{n+1} \qquad (|z-1|<1)$$

所以当 $0 < |z-1| < 1$ 时

$$f(z) = \frac{\ln(2-z)}{z(z-1)}$$

$$= \left[\sum_{k=0}^{\infty} (-1)^k (z-1)^k \right] \cdot \left[-\sum_{n=0}^{\infty} \frac{(z-1)^{n+1}}{n+1} \right] \frac{1}{z-1}$$

$$= \sum_{n=0}^{\infty} \sum_{k=0}^{\infty} \frac{(-1)^{k+1}}{n+1} (z-1)^{n+k} \quad (|z-1| < 1)$$

例 6.11 试求 $f(z) = \dfrac{1}{z^2+z-2}$ 以 $z=1$ 为中心的洛朗级数.

解 函数 $f(z)$ 在复平面内有两个奇点 $z=1$ 和 $z=-2$, 因此 $f(z)$ 在区域 $0 < |z-1| < 3$ 和 $3 < |z-1| < +\infty$ 内是解析的.

$$\frac{1}{z^2+z-2} = \frac{1}{3}\left(\frac{1}{z-1} - \frac{1}{z+2} \right)$$

在 $0 < |z-1| < 3$ 内 $\left| \dfrac{z-1}{3} \right| < 1$, 于是

$$\frac{1}{z^2+z-2} = \frac{1}{3}\left(\frac{1}{z-1} - \frac{1}{z-1+3} \right) = \frac{1}{3}\left(\frac{1}{z-1} - \frac{1}{3} \cdot \frac{1}{1+\dfrac{z-1}{3}} \right)$$

$$= \frac{1}{3} \cdot \frac{1}{z-1} - \frac{1}{3} \sum_{n=0}^{\infty} (-1)^n \left(\frac{z-1}{3} \right)^n$$

在 $3 < |z-1| < +\infty$ 内 $\left| \dfrac{3}{z-1} \right| < 1$,

$$\frac{1}{z^2+z-2} = \frac{1}{3}\left[\frac{1}{z-1} - \frac{1}{z-1+3} \right] = \frac{1}{3}\left[\frac{1}{z-1} - \frac{1}{z-1} \cdot \frac{1}{1+\dfrac{3}{z-1}} \right]$$

$$= \frac{1}{3} \cdot \frac{1}{z-1} - \frac{1}{9} \sum_{n=0}^{\infty} (-1)^n \left(\frac{3}{z-1} \right)^{n+1}$$

如果一个函数在某同心圆环域内解析, 则它可以展开成洛朗级数, 本例题没有指明具体的环域, 因此需要讨论, 如上所示把所有的情况都讨论到.

从以上几个例子还可以看出, 在求一些初等函数的洛朗展开式时, 一般都不按照洛朗定理中的公式去求系数, 而是利用已知的幂级数展开式去求所需要的洛朗展开式, 和高等数学上用间接法将函数展开成幂级数的方法类似.

■ **例 6.12** 计算 $\int_{|z|=1} \mathrm{e}^{\frac{1}{z}}\mathrm{d}z$.

解 由于 $\mathrm{e}^{\xi}=1+\xi+\dfrac{\xi^2}{2!}+\cdots+\dfrac{\xi^n}{n!}+\cdots$ 在 $|\xi|<+\infty$ 内成立，故当 $0<|z|<+\infty$ 时就有

$$\mathrm{e}^{\frac{1}{z}}=1+\frac{1}{z}+\frac{1}{2!z^2}+\cdots+\frac{1}{n!z^n}+\cdots$$

由洛朗定理知 $\int_{|z|=1}\mathrm{e}^{\frac{1}{z}}\mathrm{d}z=2\pi\mathrm{i}c_{-1}=2\pi\mathrm{i}$.

习 题 六

1. 选择题.

（1）对于级数 $\sum\limits_{n=0}^{+\infty}z_n$ ， $\lim\limits_{n\to+\infty}z_n=0$ 是它收敛的（　　）.

（A）充分条件　　　　　　　　（B）必要条件

（C）充要条件　　　　　　　　（D）既不是充分条件也不是必要条件

（2）如果级数 $\sum\limits_{n=0}^{+\infty}|z_n|$ 发散，则级数 $\sum\limits_{n=0}^{+\infty}z_n$ （　　）.

（A）条件收敛　　　　　　　　（B）绝对收敛

（C）必发散　　　　　　　　　（D）可能收敛，也可能发散

（3）级数 $\sum\limits_{n=-1}^{+\infty}\dfrac{z^{n-1}}{(n+1)!}$ 的收敛域为（　　）.

（A）$0<|z|<+\infty$　　（B）$|z|<+\infty$　　（C）$0<|z|<1$　　（D）$0<z<+\infty$

2. 填空题.

（1）级数 $\sum\limits_{n=0}^{\infty}(n+1)z^n$ 的收敛半径为_____.

（2）级数 $\sum\limits_{n=0}^{+\infty}\left(\dfrac{z}{\ln(\mathrm{i}\,n)}\right)^n$ 的收敛半径为_____.

（3）洛朗级数 $\cdots-\dfrac{1}{z^n}-\dfrac{1}{z^{n-1}}-\cdots-\dfrac{1}{z}-\dfrac{1}{2}-\dfrac{z}{4}-\dfrac{z^2}{8}-\cdots$ 的收敛圆环为_____.

3. 下列级数是否收敛？是否绝对收敛?

（1）$\sum\limits_{n=2}^{+\infty}\left(\dfrac{1}{\ln n}+\dfrac{\mathrm{i}}{n}\right)$;

（2）$\sum\limits_{n=1}^{\infty}\dfrac{(3+2\mathrm{i})^n}{n!}$;

（3）$\displaystyle\sum_{n=1}^{\infty}\frac{1}{\mathrm{i}^{n}}\ln\left(1+\frac{1}{2n}\right)$；

（4）$\displaystyle\sum_{n=0}^{\infty}\frac{\cos(\mathrm{i}n)}{2^{n}}$．

4. 证明.

（1）$\displaystyle\frac{\sin z^{2}}{z^{4}}=\frac{1}{z^{2}}-\frac{z^{2}}{3!}+\frac{z^{6}}{5!}-\frac{z^{10}}{7!}+\cdots\;\left(|z|\neq0\right)$；

（2）$\displaystyle\mathrm{e}^{z}\sin z=\sum_{n=1}^{+\infty}\frac{\left(\sqrt{2}\right)^{n}\sin\dfrac{n\pi}{4}}{n!}z^{n}\quad\left(|z|<+\infty\right)$.

5. 将下列函数展开为 z 的幂级数，并指出其收敛区域.

（1）$\displaystyle\frac{1}{(1+z^{2})^{2}}$；

（2）$\sin^{2}z$；

（3）$\displaystyle\int_{0}^{z}\frac{\sin z}{z}\mathrm{d}z$.

6. 写出下列函数的幂级数展开式至前三个非零项.

（1）$f(z)=\ln(z-3)$ 展为 $z-2\mathrm{i}$ 的幂；

（2）$f(z)=\dfrac{1}{z^{2}+16}$ 展为 $z-3$ 的幂.

7. 将下列函数在指定点展开成幂级数，并指出收敛区域.

（1）$\cos z$ 在 $z=\dfrac{\pi}{2}$ 处；

（2）$\dfrac{1}{z^{2}}$ 在 $z=1$ 处；

（3）$\dfrac{1}{4-3z}$ 在 $z=1+\mathrm{i}$ 处.

8. 设 $0<r<1$，证明：（1）$\displaystyle\sum_{n=0}^{+\infty}r^{n}\cos(n+1)\theta=\frac{\cos\theta-r}{1-2r\cos\theta+r^{2}}$；

（2）$\displaystyle\sum_{n=0}^{+\infty}r^{n}\sin(n+1)\theta=\frac{\sin\theta}{1-2r\cos\theta+r^{2}}$.

9. 设 $\displaystyle\frac{1}{1-z-z^{2}}=\sum_{n=0}^{+\infty}c_{n}z^{n}$，试证明 $c_{n}=c_{n-1}+c_{n-2}\quad(n\geqslant2)$.

10. 证明 $\displaystyle\frac{\mathrm{sh}\,z}{z^{2}}=\frac{1}{z}+\sum_{n=0}^{\infty}(-1)^{n}\frac{z^{2n+1}}{(2n+3)!},0<|z|<+\infty$.

11. 将下列函数在指定圆环内展开成洛朗级数.

（1） $\dfrac{z+1}{z^2(z-1)}, 0<|z|<1$;

（2） $\dfrac{1}{z(1+z^2)}, 0<|z|<1, 1<|z-i|<2$.

12. 将 $f(z)=\dfrac{1}{z^2-3z+2}$ 在 $z=1$ 处展开成洛朗级数.

13. 将 $f(z)=\dfrac{1}{(z^2+1)^2}$ 在 $z=i$ 的去心邻域内展开成洛朗级数.

第七章 留数及其应用

留数理论是复积分与复级数理论相结合的产物，它是复变函数论的重要内容之一，对复分析理论的发展及其工程应用都发挥了至关重要的作用. 本章首先介绍解析函数孤立奇点的概念与分类，然后讲述留数的概念及其基本定理，最后介绍留数在定积分和反演积分计算中的应用.

第一节 复变函数的孤立奇点

如果一个复变函数的奇点是"孤立的"，那么就可以借助于洛朗级数来研究它. 下面介绍解析函数的孤立奇点及其相关问题.

一、孤立奇点的概念与分类

> **定义 7.1** 如果函数 $f(z)$ 在 z_0 处不解析，但在 z_0 的某一个去心邻域 $0<|z-z_0|<\delta$ 内处处解析，则称 z_0 为 $f(z)$ 的孤立奇点.

例如，$z=0$ 是函数 $f(z)=e^{\frac{1}{z}}$，$f(z)=\dfrac{\sin z}{z}$，$f(z)=\sin\dfrac{1}{z}$ 的孤立奇点；$z=\pm i$ 是函数 $f(z)=\dfrac{1}{z^2+1}$ 的孤立奇点. 但不是所有的奇点都是孤立奇点，例如 $z=0$ 虽是函数 $f(z)=\dfrac{1}{\sin\dfrac{1}{z}}$ 的奇点，却不是 $f(z)=\dfrac{1}{\sin\dfrac{1}{z}}$ 的孤立奇点，因为 $z=\dfrac{1}{n\pi}(n=\pm1,\pm2,\cdots)$ 也都是它的奇点，这样，在 $z=0$ 任何去心邻域中都含有这个函数的奇点.

若 z_0 为 $f(z)$ 的孤立奇点，则 $f(z)$ 在 z_0 点的某去心邻域 $0<|z-z_0|<\delta$ 内解析，故可以展开成洛朗级数

$$f(z)=\sum_{n=-\infty}^{\infty}c_n(z-z_0)^n$$

其中负幂项称为主要部分，其余部分（常数项与正幂项部分）称为解析部分.

洛朗级数的主要部分决定了孤立奇点的性质，因此可以根据洛朗级数主要部分的不同情况对函数的孤立奇点进行分类.

（1）如果对一切 $n<0$ 有 $c_n=0$，则称 z_0 为 $f(z)$ 的可去奇点.

（2）如果只有有限个整数（至少一个）$n<0$，使得 $c_n\neq 0$，那么则称 z_0 为 $f(z)$ 的极点. 设对于正整数 m，$c_{-m}\neq 0$，而当 $n<-m$ 时，$c_n=0$，则称 z_0 为 $f(z)$ 的 m 阶极点. 一阶极点有时也称为简单极点.

（3）如果有无限个整数 $n<0$，使得 $c_n\neq 0$，则称 z_0 为 $f(z)$ 的本性奇点.

◢ **例 7.1** 讨论下列函数的孤立奇点的类型.

（1）$f(z)=\dfrac{\ln(1+z)}{z}$；（2）$f(z)=\dfrac{1}{z(z-1)^2}$；（3）$f(z)=\sin\dfrac{1}{z-1}$.

解 （1）在 $0<|z|<1$ 内，有

$$\frac{\ln(1+z)}{z}=1-\frac{z}{2}+\frac{z^2}{3}+\cdots+(-1)^{n-1}\frac{z^{n-1}}{n}+\cdots$$

洛朗级数展开式中不含 z 的负次幂，即主要部分为零，所以 $z=0$ 是 $f(z)=\dfrac{\ln(1+z)}{z}$ 的可去奇点.

（2）在 $0<|z-1|<1$ 内，有

$$\frac{1}{z(z-1)^2}=\frac{1}{(z-1)^2}-\frac{1}{z-1}+1-(z-1)-\cdots+(-1)^n(z-1)^n+\cdots$$

函数的洛朗级数中仅有两项 $(z-1)$ 的负次幂，也就是主要部分为有限多非零项，并且最高负次幂为 $(z-1)^{-2}$，所以 $z=1$ 是 $\dfrac{1}{z(z-1)^2}$ 的二阶极点. 通过类似讨论可知，$z=0$ 是函数 $f(z)=\dfrac{1}{z(z-1)^2}$ 的简单极点.

注意：$f(z)=\dfrac{1}{z(z-1)^2}$ 在 $1<|z-1|<+\infty$ 内的洛朗展开式为

$$\frac{1}{z(z-1)^2}=\cdots+\frac{1}{(z-1)^5}-\frac{1}{(z-1)^4}+\frac{1}{(z-1)^3}$$

是不是由此可以得出 $z=1$ 是 $f(z)=\dfrac{1}{z(z-1)^2}$ 的本性奇点的结论呢？答案是否定的，请考虑这是为什么.

（3）在 $0<|z-1|<+\infty$ 内，有

$$\sin\frac{1}{z-1}=\frac{1}{z-1}-\frac{1}{3!(z-1)^3}+\frac{1}{5!(z-1)^5}-\cdots$$

洛朗级数中有无穷多个非零的 $(z-1)$ 的负次幂项，即主要部分有无穷多非零项，所以 $z=1$ 是 $\sin\dfrac{1}{z-1}$ 的本性奇点.

以下从函数的性态来刻画各类奇点的特征.

定理 7.1　设 $f(z)$ 在 z_0 点的某去心邻域 $0<|z-z_0|<\delta$ $(0<\delta\leqslant+\infty)$ 内解析，则 z_0 为 $f(z)$ 的可去奇点的充要条件是存在极限 $\lim\limits_{z\to z_0}f(z)=c_0$，其中 c_0 为一复常数.

证明　（1）必要性. 因为 z_0 为 $f(z)$ 的可去奇点，故在 z_0 点的某去心邻域 $0<|z-z_0|<\delta$ 内有
$$f(z)=c_0+c_1(z-z_0)+\cdots+c_n(z-z_0)^n+\cdots$$
那么，上式右边的幂级数的收敛半径至少是 δ，所以其和函数在 $0<|z-z_0|<\delta$ 内解析，于是有 $\lim\limits_{z\to z_0}f(z)=c_0$，其中 c_0 为一复常数.

（2）充分性. 设 $f(z)$ 在 $0<|z-z_0|<\delta$ 内的洛朗级数为 $f(z)=\sum\limits_{n=-\infty}^{\infty}c_n(z-z_0)^n$.

设 $f(z)$ 在 z_0 点的某去心邻域 K 内以 M 为界. 考虑 $f(z)$ 在 z_0 点的主要部分
$$c_n=\frac{1}{2\pi i}\oint_{|z-z_0|=\rho}\frac{f(\zeta)}{(\zeta-z_0)^{n+1}}d\zeta\quad(0<\rho<\delta,n=0,\pm1,\pm2,\cdots)$$
由于 $\lim\limits_{z\to z_0}f(z)$ 存在，故存在正数 ρ（为简便记依然用 ρ）及正数 M 使得在 $0<|z-z_0|\leqslant\rho$ 条件下，$|f(z)|\leqslant M$，则
$$|c_n|=\left|\frac{1}{2\pi i}\oint_{|z-z_0|=\rho}\frac{f(\zeta)}{(\zeta-z_0)^{n+1}}d\zeta\right|\leqslant\frac{1}{2\pi}\cdot\frac{M}{\rho^{n+1}}\cdot2\pi\rho=\frac{M}{\rho^n}$$
即知当 $n<0$ 时，令 $\rho\to0$，得 $c_n=0$，因此 z_0 是 $f(z)$ 的可去奇点.

注意：如果补充定义使 $f(z)$ 在 z_0 的值为 $f(z_0)=c_0$，则 $f(z)$ 在 z_0 解析，因此可去奇点的奇异性是可以除去的.

由定理 7.1 可以很容易地得到下面的定理.

定理 7.2　设 $f(z)$ 在 z_0 点的某去心邻域 $0<|z-z_0|<\delta$ $(0<\delta\leqslant+\infty)$ 内解析，则 z_0 为 $f(z)$ 的可去奇点的充要条件是 $f(z)$ 在 z_0 点的某去心邻域内有界.

定理 7.3　如果 z_0 是 $f(z)$ 的孤立奇点，则下列三个条件是等价的.
（1）z_0 为 $f(z)$ 的 m 阶极点；
（2）$f(z)$ 在 z_0 的某去心邻域 $0<|z-z_0|<\delta$ $(0<\delta\leqslant+\infty)$ 内能表示为
$$f(z)=\frac{1}{(z-z_0)^m}\varphi(z)\tag{7.1}$$
其中 $\varphi(z)$ 在 z_0 处解析且 $\varphi(z_0)\neq0$；
（3）$\lim\limits_{z\to z_0}(z-z_0)^m f(z)=c_{-m}$，在这里 c_{-m} 是一个不等于 0 的复常数.

证明 还是用循环法证明.

（1）⇒（2） 由（1）知 $f(z)$ 在 $0<|z-z_0|<\delta$ 内有洛朗展开式：

$$f(z) = \frac{c_{-m}}{(z-z_0)^m} + \frac{c_{-(m-1)}}{(z-z_0)^{m-1}} + \cdots + \frac{c_{-1}}{z-z_0} + c_0 + c_1(z-z_0) + \cdots + c_n(z-z_0)^n + \cdots$$

$$= \frac{1}{(z-z_0)^m}\Big[c_{-m} + c_{-m+1}(z-z_0) + \cdots + c_0(z-z_0)^m + \cdots + c_n(z-z_0)^{n+m} + \cdots\Big]$$

$$= \frac{1}{(z-z_0)^m}\varphi(z)$$

其中 $\varphi(z)$ 是一个在 $0<|z-z_0|<\delta$ 内解析的函数，并且 $\varphi(z_0)=c_{-m}\neq 0$.

（2）⇒（3） 显然.

（3）⇒（1） 函数 $(z-z_0)^m f(z)$ 在 $0<|z-z_0|<\delta$ 内以 z_0 为孤立奇点，由（3）知它以 z_0 为可去奇点，补充定义

$$\varphi(z) = \begin{cases} (z-z_0)^m f(z), & 0<|z-z_0|<\delta \\ c_{-m}, & z=z_0 \end{cases}$$

则 $\varphi(z)$ 在 z_0 解析，且有

$$\varphi(z) = c_{-m} + c_{-m+1}(z-z_0) + \cdots, \quad |z-z_0|<\delta$$

于是，当 $0<|z-z_0|<\delta$ 时，有

$$f(z) = \frac{1}{(z-z_0)^m}\varphi(z) = \frac{c_{-m}}{(z-z_0)^m} + \frac{c_{-(m-1)}}{(z-z_0)^{m-1}} + \cdots$$

这就得到了（1）.

下述定理也能说明极点的特征，其缺点是不能指明极点的阶数.

定理 7.4 设函数 $f(z)$ 在 $0<|z-z_0|<\delta$ $(0<\delta\leqslant+\infty)$ 内解析，那么 z_0 是 $f(z)$ 的极点的充要条件是 $\lim\limits_{z\to z_0} f(z)=\infty$.

最后讨论本性奇点的判别条件.

定理 7.1 和定理 7.3 的充要条件可以分别说成是存在有限或无穷的极限 $\lim\limits_{z\to z_0} f(z)$. 结合这两个定理，我们有以下定理.

定理 7.5 设函数 $f(z)$ 在 $0<|z-z_0|<\delta$ $(0<\delta\leqslant+\infty)$ 内解析，那么 z_0 是 $f(z)$ 的本性奇点的充要条件是 $\lim\limits_{z\to z_0} f(z)$ 不存在且不为 ∞.

例 7.2 讨论下列函数的孤立奇点的类型.

（1）$f(z) = \dfrac{z^2 + 4}{z - 2i}$；（2）$f(z) = \dfrac{1}{z^2(i - z)}$；（3）$f(z) = e^{\frac{1}{z}}$.

解 （1）$z = 2i$ 是 $f(z)$ 的孤立奇点，因为 $\lim\limits_{z \to 2i} \dfrac{z^2 + 4}{z - 2i} = 4i$，所以 $z = 2i$ 是 $f(z)$ 的可去奇点.

（2）$z = 0$ 和 $z = i$ 为 $f(z)$ 的两个孤立奇点，因

$$\lim_{z \to i}(z - i)f(z) = \lim_{z \to i}(z - i)\frac{1}{z^2(i - z)} = \lim_{z \to i}\frac{-1}{z^2} = 1 \neq 0$$

$$\lim_{z \to 0}z^2 f(z) = \lim_{z \to 0}z^2 \frac{1}{z^2(1 - z)} = \lim_{z \to 0}\frac{1}{1 - z} = 1 \neq 0$$

所以 $z = i$ 为 $f(z)$ 的一阶极点，$z = 0$ 为 $f(z)$ 的二阶极点.

（3）$z = 0$ 为 $f(z)$ 的孤立奇点，因当 z 沿实轴趋于 0 时有

$$\lim_{z = x \to 0^+} e^{\frac{1}{z}} = \infty, \quad \lim_{z = x \to 0^-} e^{\frac{1}{z}} = 0$$

所以 $\lim\limits_{z \to 0} e^{\frac{1}{z}}$ 不存在也不是无穷大，故 $z = 0$ 为 $f(z)$ 的本性奇点.

以上是围绕孤立奇点的概念及分类进行的介绍，这里提醒读者注意：在研究函数的孤立奇点时，不能仅从函数的表面作出结论.

例 7.3 讨论函数 $f(z) = \dfrac{\sin z}{z^3}$ 的孤立奇点.

解 显然 $z = 0$ 是所给函数的孤立奇点，函数在 $0 < |z| < +\infty$ 内解析，其洛朗展开式为

$$\frac{\sin z}{z^3} = \frac{1}{z^2} - \frac{1}{3!} + \frac{1}{5!}z^2 - \cdots$$

由定义知 $z = 0$ 是函数的二阶极点.

因此，判断函数的孤立奇点类型的方法是很灵活的，要根据具体函数选用适当方法.

二、零点与极点的关系

为了更好地理解和判定函数的 m 阶极点，下面先给出函数零点的概念，再着力研究零点与极点的关系.

定义 7.2 若 $f(z) = (z - z_0)^m \varphi(z)$，$\varphi(z)$ 在 z_0 处解析，且 $\varphi(z_0) \neq 0$，m 为某一个正整数，那么称 z_0 是 $f(z)$ 的 m 阶零点.

注意： 一个不恒为零的解析函数的零点是孤立的. 因为 $f(z) = (z - z_0)^m \varphi(z)$ 在 z_0 的去心邻域内不为零，只在 z_0 等于零.

例如：$z = 1$，$z = -\dfrac{1}{2}$ 分别是 $f(z) = 5(z-1)(2z+1)^2$ 的一阶及二阶零点.

定理 7.6 若 $f(z)$ 在 z_0 处解析，那么 z_0 是 $f(z)$ 的 m 阶零点的充要条件是

$$f^{(n)}(z_0) = 0, (n = 0, 1, \cdots, m-1), f^{(m)}(z_0) \neq 0 \qquad (7.2)$$

证明 只证必要性.

若 z_0 是 $f(z)$ 的 m 阶零点，那么 $f(z)$ 可以表示成

$$f(z) = (z - z_0)^m \varphi(z)$$

其中，$\varphi(z)$ 在 z_0 处解析，且 $\varphi(z_0) \neq 0$.

设 $\varphi(z)$ 在 z_0 处的泰勒展式为

$$\varphi(z) = c_0 + c_1(z - z_0) + c_2(z - z_0)^2 + \cdots$$

其中 $c_0 = \varphi(z_0) \neq 0$. 从而

$$f(z) = c_0(z - z_0)^m + c_1(z - z_0)^{m+1} + c_2(z - z_0)^{m+2} + \cdots$$

这个式子说明，$f(z)$ 在 z_0 的泰勒展开式的前 m 项系数都为零. 由泰勒级数的系数公式可知，这时 $f^{(n)}(z_0) = 0$ $(n = 0, 1, \cdots, m-1)$，而 $\dfrac{f^{(m)}(z_0)}{m!} = c_0 \neq 0$.

例 7.4 求 $f(z) = \sin z - 1$ 的全部零点，并指出它们的阶.

解 令 $\sin z - 1 = 0$ 得全部零点：$z = \dfrac{\pi}{2} + 2k\pi$ $(k = 0, \pm 1, \pm 2, \cdots)$. 又因

$$\left. (\sin z - 1)' \right|_{z = \frac{\pi}{2} + 2k\pi} = 0, \quad \left. (\sin z - 1)'' \right|_{z = \frac{\pi}{2} + 2k\pi} \neq 0$$

所以这些零点都是二阶零点.

下面讨论函数的零点与极点的关系.

首先，如果 z_0 是 $f(z)$ 的 m 阶极点，那么

$$f(z) = \frac{1}{(z - z_0)^m} \varphi(z)$$

其中 $\varphi(z)$ 在 z_0 处解析，且 $\varphi(z_0) \neq 0$. 所以当 $z \neq z_0$ 时，有

$$\frac{1}{f(z)} = (z - z_0)^m \frac{1}{\varphi(z)} = (z - z_0)^m \psi(z) \qquad (7.3)$$

函数 $\psi(z)$ 也在 z_0 处解析，且 $\psi(z_0) \neq 0$. 由于 $\lim\limits_{z \to z_0} \dfrac{1}{f(z)} = 0$，因此，只要令 $\dfrac{1}{f(z_0)} = 0$，那

么由式（7.2）知 z_0 就是 $\dfrac{1}{f(z)}$ 的 m 阶零点.

同理，如果 z_0 是 $f(z)$ 的 m 阶零点，则 z_0 就是 $\dfrac{1}{f(z)}$ 的 m 阶极点.

定理 7.7 如果 z_0 是 $f(z)$ 的 m 阶极点，那么 z_0 就是 $\dfrac{1}{f(z)}$ 的 m 阶零点；反之亦然.

注意：这个定理为判断函数的极点提供了一个较为简便的方法，即把求极点的问题转化为求零点的问题就可以了.

■ **例 7.5** 试求 $f(z)=\dfrac{z}{\sin z}$ 的孤立奇点，并判断类型.

解 函数 $\dfrac{z}{\sin z}$ 的奇点是使 $\sin z=0$ 的点，即 $z=k\pi(k=0,\pm1,\pm2,\cdots)$.

由于

$$(\sin z)'\big|_{z=k\pi}=\cos z\big|_{z=k\pi}=(-1)^k\neq 0$$

所以 $z=k\pi$ 是 $\sin z$ 的一阶零点.

注意到当 $k=0$ 时，$z=0$ 是分母的一阶零点，同时也是分子的一阶零点. 又因 $\lim\limits_{z\to 0}\dfrac{z}{\sin z}=1$，所以 $z=0$ 是 $\dfrac{z}{\sin z}$ 的可去奇点，而不是一阶极点. $z=k\pi\,(k\neq 0)$ 是 $\dfrac{z}{\sin z}$ 的一阶极点.

注意：考察形如 $\dfrac{P(z)}{Q(z)}$ 的函数的极点及其级数时，不能仅凭分母 $Q(z)$ 的零点及其级数来判定，还必须考察分子在这些点的情况.

三、函数在无穷远点的性态

前面在讨论函数 $f(z)$ 的孤立奇点时，都假定 z 为复平面内的有限远点，复平面加上无穷远点后称之为扩充复平面. 下面在扩充复平面上讨论函数在无穷远点的性态.

定义 7.3 若函数 $f(z)$ 在无穷远点的某一去心邻域 $0\leqslant R<|z|<+\infty$ 内解析，则称无穷远点 $z=\infty$ 为 $f(z)$ 的孤立奇点.

例如，$z=\infty$ 为函数 $f(z)=\dfrac{1}{(z-1)(z-3)}$ 的孤立奇点，因为 $f(z)$ 在 $3<|z|<+\infty$ 内是解析的.

函数 $f(z)$ 在 $0\leqslant R<|z|<+\infty$ 内解析，故可以展开成洛朗级数：

$$f(z) = \sum_{n=-\infty}^{\infty} c_n z^n \quad (R < |z| < +\infty) \qquad (7.4)$$

其中

$$c_n = \frac{1}{2\pi i} \oint_{|\zeta|=\rho} \frac{f(\zeta)}{\zeta^{n+1}} \mathrm{d}\zeta \quad (\rho > R; n = 0, \pm 1, \pm 2, \cdots)$$

令 $z = \dfrac{1}{w}$，按照 $R > 0$ 或者 $R = 0$，得到在 $0 < |w| < \dfrac{1}{R}$ 或者 $0 < |w| < +\infty$ 内解析的函数

$\varphi(w) = f\left(\dfrac{1}{w}\right)$．由于 $\varphi(w)$ 在 $w = 0$ 没有定义，故 $w = 0$ 是 $\varphi(w)$ 的孤立奇点．将 $\varphi(w)$ 在

$0 < |w| < \dfrac{1}{R}$ 展开为洛朗级数

$$\varphi(w) = \sum_{n=-\infty}^{\infty} b_n w^n$$

然后再用 $w = \dfrac{1}{z}$ 代入等式，得到

$$f(z) = \sum_{n=-\infty}^{\infty} b_n z^{-n} \quad (R < |z| < +\infty) \qquad (7.5)$$

对比式（7.4）与式（7.5），再由洛朗级数展开的唯一性，有

$$c_n = -b_n \quad (n = 0, \pm 1, \pm 2, \cdots)$$

进一步结合有限孤立奇点的分类方法得到以下结论．

（1）如果当 $n > 0$ 时，$c_n = 0$，那么 $z = \infty$ 是函数 $f(z)$ 的可去奇点．

（2）如果对于正整数 m，$c_m \neq 0$；而当 $n > m$ 时，$c_n = 0$，那么 $z = \infty$ 是函数 $f(z)$ 的 m 阶极点．

（3）如果有无穷多个 $n > 0$，使得 $c_n \neq 0$，那么 $z = \infty$ 是函数 $f(z)$ 的本性奇点．

定理 7.8　设函数 $f(z)$ 在无穷远点的邻域 $R < |z| < +\infty$ $(R \geqslant 0)$ 内解析，那么 $z = \infty$ 是 $f(z)$ 的可去奇点、极点和本性奇点的充要条件分别为：$\lim\limits_{z \to \infty} f(z) = l$（常数）、$\lim\limits_{z \to \infty} f(z) = \infty$ 和 $\lim\limits_{z \to \infty} f(z)$ 不存在也不为 ∞．

◆ **例 7.6**　判定下列函数在 $z = \infty$ 处奇点的类型．

（1）$f(z) = \mathrm{e}^{\frac{1}{z}}$；（2）$f(z) = \dfrac{z^2 + 1}{\mathrm{e}^z}$；（3）$f(z) = z^5 \sin \dfrac{1}{z}$．

解　（1）函数 $f(z)$ 在 $0 < |z| < +\infty$ 内解析，而 $\lim\limits_{z \to \infty} \mathrm{e}^{\frac{1}{z}} = 1$，故 $z = \infty$ 为 $f(z) = \mathrm{e}^{\frac{1}{z}}$ 的可去奇点．

（2）函数 $f(z)$ 在 $0 < |z| < +\infty$ 内的洛朗展开式为

$$f(z) = (z^2 + 1)\mathrm{e}^{-z} = (z^2 + 1)\left(1 - z + \frac{z^2}{2!} - \frac{z^3}{3!} + \cdots\right)$$

故 $z = \infty$ 为 $f(z) = \dfrac{z^2 + 1}{\mathrm{e}^z}$ 的本性奇点.

（3）令 $t = \dfrac{1}{z}$，则 $f\left(\dfrac{1}{t}\right) = \left(\dfrac{1}{t}\right)^5 \sin 1 \Big/ \dfrac{1}{t} = \dfrac{\sin t}{t^5}$．因为 $t = 0$ 为函数 $\dfrac{\sin t}{t^5}$ 的四阶极点，所以 $z = \infty$ 为 $f(z) = z^5 \sin \dfrac{1}{z}$ 的四阶极点.

第二节 留 数

留数理论是复变函数论中的重要内容，对复分析及其应用的发展起到了很大的推动作用．留数及其有关定理在理论上与实际中都有广泛的应用．通过本节的学习，应理解留数的概念，掌握留数的计算规则及留数定理，会求函数在孤立奇点处的留数，了解函数在无穷远处的留数.

一、留数的概念及留数定理

如果函数 $f(z)$ 在点 z_0 处解析，作圆 C：$|z - z_0| = r$ 使得 $f(z)$ 在 $|z - z_0| \leqslant r$ 上解析，那么由柯西积分定理知

$$\oint_C f(z)\mathrm{d}z = 0$$

但是，如果 z_0 是 $f(z)$ 的孤立奇点，那么沿在 z_0 的某个去心邻域内任意一条绕 z_0 的简单闭曲线 C 的积分，一般来说就不再等于零．下面讨论这个积分值.

设函数 $f(z)$ 在 $0 < |z - z_0| < R$ 内的洛朗展开式为

$$f(z) = \cdots + \frac{c_{-n}}{(z - z_0)^n} + \cdots + \frac{c_{-1}}{z - z_0} + c_0 + \cdots c_n(z - z_0)^n + \cdots$$

对此展开式两端沿 C 逐项积分，右端的各项积分值除 $n = -1$ 的一项等于 $2\pi\mathrm{i}c_{-1}$ 外，其余各项的积分值都等于零，于是

$$\oint_C f(z)\mathrm{d}z = 2\pi\mathrm{i}c_{-1}$$

这是由于 z_0 是 $f(z)$ 的孤立奇点而使积分 $\oint_C f(z)\mathrm{d}z$ 留下的值，把这个积分值除以 $2\pi\mathrm{i}$ 后所得的数称为 $f(z)$ 在 z_0 处的留数.

定义 7.4　设 $f(z)$ 在孤立奇点 z_0 的去心邻域 $0<|z-z_0|<R$ 内解析，C 为该邻域内包含 z_0 的任意一条正向简单闭曲线，则称积分

$$\frac{1}{2\pi i}\oint_C f(z)\mathrm{d}z$$

的值为 $f(z)$ 在点 z_0 的留数，记作 $\mathrm{Res}[f(z),z_0]$，即

$$\mathrm{Res}[f(z),z_0]=\frac{1}{2\pi i}\oint_C f(z)\mathrm{d}z \tag{7.6}$$

显然，$f(z)$ 在孤立奇点 z_0 的留数 $\mathrm{Res}[f(z),z_0]$ 就是 $f(z)$ 在 z_0 的去心邻域内洛朗展开式中负一次幂项的系数 c_{-1}.

■ 例 7.7　计算（1）$\mathrm{Res}\left[\sin\dfrac{1}{z},0\right]$；（2）$\mathrm{Res}\left[\dfrac{1}{(z-1)(z-2)},1\right]$；（3）$\mathrm{Res}\left[\dfrac{e^z-1}{z},0\right]$.

解　（1）由于在 $0<|z|<+\infty$ 内，有

$$\sin\frac{1}{z}=\frac{1}{z}-\frac{1}{3!z^3}+\cdots+(-1)^n\frac{1}{(2n+1)!z^{2n+1}}+\cdots$$

所以

$$\mathrm{Res}\left[\sin\frac{1}{z},0\right]=1$$

（2）由于在 $0<|z-1|<1$ 内，有

$$\frac{1}{(z-1)(z-2)}=-\frac{1}{z-1}-1-(z-1)-\cdots-(z-1)^n-\cdots$$

所以

$$\mathrm{Res}\left[\frac{1}{(z-1)(z-2)},1\right]=-1$$

（3）因 $z=0$ 是 $f(z)=\dfrac{e^z-1}{z}$ 的可去奇点，故

$$\mathrm{Res}\left[\frac{e^z-1}{z},0\right]=0$$

下面的留数定理为计算沿封闭曲线的积分提供了新的思路与方法.

定理 7.9（留数定理）　设函数 $f(z)$ 在区域 D 内除有限个孤立奇点 $z_1,z_2,\cdots,z_n$ 外处处解析，C 是 D 内包围各奇点的一条正向简单闭曲线，那么

$$\oint_C f(z)\mathrm{d}z=2\pi i\sum_{k=1}^n\mathrm{Res}[f(z),z_k] \tag{7.7}$$

证明　把在 C 内的孤立奇点 $z_k(k=1,2,\cdots,n)$ 用互不包含的正向简单闭曲线 C_k 围绕

起来，如图 7-1 所示. 那么根据复合闭路定理有

$$\oint_C f(z)\mathrm{d}z = \sum_{k=1}^{n} \oint_{C_k} f(z)\mathrm{d}z$$

以 $2\pi\mathrm{i}$ 除等式两边，再由留数定义，得

$$\frac{1}{2\pi\mathrm{i}}\oint_C f(z)\mathrm{d}z = \sum_{k=1}^{n} \mathrm{Res}[f(z),z_k]$$

即

$$\oint_C f(z)\mathrm{d}z = 2\pi\mathrm{i}\sum_{k=1}^{n} \mathrm{Res}[f(z),z_k]$$

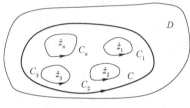

图 7-1

注意：留数定理是复变函数论中最重要的积分定理，留数定理实际上就是"抓鱼定理"，留数就是"鱼"，而环积分就是"网". 此定理实际上是柯西积分定理的推论，它把沿一条闭路 C 的积分，归结为求 C 内各孤立奇点处的留数和. 因此，当能够用一些简便方法把留数求出来时，便解决了一类积分计算问题.

现在的问题是：如何有效地求出函数 $f(z)$ 在孤立奇点 z_0 处的留数？

前面已经指出，$f(z)$ 在孤立奇点 z_0 的留数 $\mathrm{Res}[f(z),z_0]$ 就是 $f(z)$ 在 z_0 的去心邻域内洛朗展开式中负一次幂项的系数 c_{-1}，但如果能预先知道奇点的类型，则对求留数更为有利. 例如，如果 z_0 是 $f(z)$ 的可去奇点，那么 $\mathrm{Res}[f(z),z_0]=0$；如果 z_0 是 $f(z)$ 的本性奇点，那就往往只能用把 $f(z)$ 在 z_0 展开成洛朗级数的方法来求 c_{-1}；若 z_0 是极点的情形，情况将变得稍微复杂些. 下面介绍几个求极点处留数的常用方法.

二、函数在极点的留数

法则 7.1　若 z_0 是 $f(z)$ 的 m 阶极点，则

$$\mathrm{Res}[f(z),z_0] = \frac{1}{(m-1)!}\lim_{z\to z_0}\frac{\mathrm{d}^{m-1}}{\mathrm{d}z^{m-1}}\big[(z-z_0)^m f(z)\big] \tag{7.8}$$

证明　由于

$$f(z) = c_{-m}(z-z_0)^{-m} + \cdots + c_{-2}(z-z_0)^{-2} + c_{-1}(z-z_0)^{-1} + c_0 + c_1(z-z_0) + \cdots$$

以 $(z-z_0)^m$ 乘上式两端，得

$$(z-z_0)^m f(z) = c_{-m} + c_{-m+1}(z-z_0) + \cdots + c_0(z-z_0)^m + \cdots$$

两边求 $m-1$ 阶导数，得

$$\frac{\mathrm{d}^{m-1}}{\mathrm{d}z^{m-1}}\left[(z-z_0)^m f(z)\right]=(m-1)!c_{-1}+\left[\frac{m!}{1!}c_0(z-z_0)+\frac{m!}{2!}c_1(z-z_0)^2+\cdots\right]$$

令 $z\to z_0$，两端求极限，右端的极限是 $(m-1)!c_{-1}$，于是式（7.8）得证.

例 7.8 求函数 $f(z)=\dfrac{\sin z}{z^3}$ 在各孤立奇点处的留数.

解 由于 $z=0$ 为函数 $\dfrac{\sin z}{z^3}$ 的二阶极点. 由法则 7.1 有

$$\operatorname{Res}\left[\frac{\sin z}{z^3},0\right]=\frac{1}{(2-1)!}\lim_{z\to 0}\frac{\mathrm{d}}{\mathrm{d}z}\left[z^2\frac{\sin z}{z^3}\right]=1$$

不难看出，对阶数较高的极点，式（7.8）的计算比较麻烦，但对于级数较低的极点还是相当方便的. 特别地，当 z_0 是 $f(z)$ 的一阶极点时，法则 7.1 就变成下述形式了.

法则 7.2 如果 z_0 是 $f(z)$ 的一阶极点，则

$$\operatorname{Res}\left[f(z),z_0\right]=\lim_{z\to z_0}(z-z_0)f(z) \tag{7.9}$$

下面再给出一种特殊类型的函数在极点处留数的计算方法.

法则 7.3 设 $f(z)=\dfrac{P(z)}{Q(z)}$，其中 $P(z)$，$Q(z)$ 在 z_0 处解析，如果 $P(z_0)\neq 0$，$Q(z_0)=0$，$Q'(z_0)\neq 0$，则

$$\operatorname{Res}\left[f(z),z_0\right]=\frac{P(z_0)}{Q'(z_0)} \tag{7.10}$$

证明 由 $Q(z_0)=0$，$Q'(z_0)\neq 0$ 知 z_0 是 $Q(z)$ 的一阶零点，又 $P(z_0)\neq 0$，所以 z_0 是

$$\frac{1}{f(z)}=\frac{Q(z)}{P(z)}$$

的一阶零点，从而 z_0 是 $f(z)=\dfrac{P(z)}{Q(z)}$ 的一阶极点.

根据法则 7.2，并注意到 $Q(z_0)=0$，有

$$\operatorname{Res}\left[f(z),z_0\right]=\lim_{z\to z_0}(z-z_0)\frac{P(z)}{Q(z)}=\lim_{z\to z_0}\frac{P(z)}{\dfrac{Q(z)-Q(z_0)}{z-z_0}}=\frac{P(z_0)}{Q'(z_0)}$$

例 7.9 求函数 $f(z)=\dfrac{z\mathrm{e}^z}{z^2-1}$ 在各孤立奇点处的留数.

解法一 由于 $z=\pm 1$ 为函数 $\dfrac{z\mathrm{e}^z}{z^2-1}$ 的两个一阶极点. 由法则 7.2 有

$$\mathrm{Res}\left[\frac{z\mathrm{e}^z}{z^2-1},1\right]=\lim_{z\to 1}(z-1)\frac{z\mathrm{e}^z}{z^2-1}=\lim_{z\to 1}\frac{z\mathrm{e}^z}{z+1}=\frac{\mathrm{e}}{2}$$

$$\mathrm{Res}\left[\frac{z\mathrm{e}^z}{z^2-1},-1\right]=\lim_{z\to -1}(z+1)\frac{z\mathrm{e}^z}{z^2-1}=\lim_{z\to -1}\frac{z\mathrm{e}^z}{z-1}=\frac{\mathrm{e}^{-1}}{2}$$

解法二 由法则 7.3，这里 $P(z)=z\mathrm{e}^z$，$Q(z)=z^2-1$，于是有

$$\mathrm{Res}\left[\frac{z\mathrm{e}^z}{z^2-1},1\right]=\left.\frac{z\mathrm{e}^z}{2z}\right|_{z=1}=\frac{\mathrm{e}}{2}$$

$$\mathrm{Res}\left[\frac{z\mathrm{e}^z}{z^2-1},-1\right]=\left.\frac{z\mathrm{e}^z}{2z}\right|_{z=-1}=\frac{\mathrm{e}^{-1}}{2}$$

例 7.10 计算积分：$(1)\displaystyle\oint_{|z|=1}\frac{z}{\frac{1}{2}-\sin z}\mathrm{d}z$；$(2)\displaystyle\oint_{|z|=2}\frac{1}{z^3(z+\mathrm{i})}\mathrm{d}z$；$(3)\displaystyle\oint_{|z|=1}\frac{z-\sin z}{z^{10}}\mathrm{d}z.$

解 （1）函数 $f(z)=\dfrac{z}{\frac{1}{2}-\sin z}$ 在 $|z|=1$ 内只有一个一阶极点 $z=\dfrac{\pi}{6}$，而

$$\mathrm{Res}\left[\frac{z}{\frac{1}{2}-\sin z},\frac{\pi}{6}\right]=\left.\frac{z}{\left(\frac{1}{2}-\sin z\right)'}\right|_{z=\frac{\pi}{6}}=-\frac{2\sqrt{3}\pi}{9}$$

由留数定理得

$$\oint_{|z|=1}\frac{z}{\frac{1}{2}-\sin z}\mathrm{d}z=2\pi\mathrm{i}\,\mathrm{Res}\left[\frac{z}{\frac{1}{2}-\sin z},0\right]_{\frac{\pi}{6}}=-\frac{4\sqrt{3}\pi^2}{9}$$

（2）$z=0$ 为函数 $f(z)=\dfrac{1}{z^3(z+\mathrm{i})}$ 的三阶极点，$z=-\mathrm{i}$ 为 $f(z)=\dfrac{1}{z^3(z+\mathrm{i})}$ 的一阶极点，它们都在 $|z|=2$ 的内部.

$$\mathrm{Res}\left[\frac{1}{z^3(z+\mathrm{i})},0\right]=\frac{1}{(3-1)!}\lim_{z\to 0}\frac{\mathrm{d}^2}{\mathrm{d}z^2}\left[z^3\frac{1}{z^3(z+\mathrm{i})}\right]=-\frac{1}{\mathrm{i}}$$

$$\mathrm{Res}\left[\frac{1}{z^3(z+\mathrm{i})},-\mathrm{i}\right]=\lim_{z\to -\mathrm{i}}(z+\mathrm{i})\frac{1}{z^3(z+\mathrm{i})}=\frac{1}{\mathrm{i}}$$

由留数定理得

$$\oint_{|z|=2}\frac{1}{z^3(z+\mathrm{i})}\mathrm{d}z=2\pi\mathrm{i}\left(-\frac{1}{\mathrm{i}}+\frac{1}{\mathrm{i}}\right)=0$$

（3）在 $|z|=1$ 的内部，$f(z)=\dfrac{z-\sin z}{z^{10}}$ 只有一个孤立奇点 $z=0$，因为

113

$$\left.(z-\sin z)\right|_{z=0}=0,\ \left.(z-\sin z)'\right|_{z=0}=0,\ \left.(z-\sin z)''\right|_{z=0}=0,\ \left.(z-\sin z)'''\right|_{z=0}\neq 0$$

所以 $z=0$ 是 $z-\sin z$ 的三阶零点，从而是 $f(z)$ 的七阶极点，如果按照法则 7.1，有

$$\mathrm{Res}[f(z),0]=\frac{1}{6!}\lim_{z\to 0}\frac{\mathrm{d}^6}{\mathrm{d}z^6}\left[z^7\frac{z-\sin z}{z^{10}}\right]=\cdots$$

显然，此时运算太烦琐，如果利用洛朗展开式求 c_{-1} 就比较方便了.

$$f(z)=\frac{1}{z^{10}}\left[z-\left(z-\frac{z^3}{3!}+\frac{z^5}{5!}-\frac{z^7}{7!}+\frac{z^9}{9!}-\cdots\right)\right]=\frac{1}{3!z^7}-\frac{1}{5!z^5}+\frac{1}{7!z^3}-\frac{1}{9!z}+\cdots$$

所以

$$\mathrm{Res}[f(z),0]=-\frac{1}{9!}$$

由留数定理得

$$\oint_{|z|=1}\frac{z-\sin z}{z^{10}}\mathrm{d}z=2\pi\mathrm{i}\,\mathrm{Res}[f(z),0]=-\frac{2}{9!}\pi\mathrm{i}$$

此部分内容介绍了求极点处留数的三个法则，用这些法则计算留数会比较方便，但是千万不要拘泥于这些法则，因为这些法则也有自身的局限性. 通过上例的计算，读者可以看出这一点，因此，要注意具体问题具体对待，灵活地选择计算方法.

三、函数在无穷远点的留数

定义 7.5 设 $z=\infty$ 为 $f(z)$ 的一个孤立奇点，即 $f(z)$ 在圆环域 $R<|z|<+\infty$ 内解析，则称

$$\frac{1}{2\pi\mathrm{i}}\oint_{C^-}f(z)\mathrm{d}z\quad (C:|z|=\rho>R)$$

为 $f(z)$ 在点 $z=\infty$ 处的留数，记为 $\mathrm{Res}[f(z),\infty]$. 这里 C^- 是指顺时针方向（这个方向可以看作是绕无穷远点的正向）.

设 $f(z)$ 在 $R<|z|<+\infty$ 内的洛朗展开式为

$$f(z)=\cdots+c_{-n}z^{-n}+\cdots+c_{-1}z^{-1}+c_0+c_1z+\cdots$$

逐项积分得

$$\mathrm{Res}[f(z),\infty]=-c_{-1}$$

注意：（1）$f(z)$ 在无穷远点的留数等于它在无穷远点的去心邻域 $R<|z|<+\infty$ 内的洛朗级数展开式中负一次幂项的系数的相反数.

（2）函数在有限的可去奇点处的留数必为零，但是当无穷远点为可去奇点时，其留数却可能不为零. 例如，$f(z)=1+\frac{1}{z}$，$z=\infty$ 是它的可去奇点，但是 $\mathrm{Res}\left[1+\frac{1}{z},\infty\right]=-1$.

定理 7.10 如果 $f(z)$ 在扩充复平面上除有限个孤立奇点 $z_1, z_2, \cdots, z_n, \infty$ 外处处解析，则 $f(z)$ 在各奇点处的留数总和为零，即

$$\sum_{k=1}^{n} \text{Res}[f(z), z_k] + \text{Res}[f(z), \infty] = 0 \qquad (7.11)$$

证明 考虑充分大的正数 R，使 $z_1, z_2, \cdots, z_n$ 全在 $|z| < R$ 内，于是由留数定理得

$$\frac{1}{2\pi i} \oint_{|z|=R} f(z) \, dz = \sum_{k=1}^{n} \text{Res}[f(z), z_k]$$

但这时有

$$\frac{1}{2\pi i} \oint_{|z|=R} f(z) \, dz = -\text{Res}[f(z), \infty]$$

定理得证.

根据上述定理，计算函数在有限远点处留数之和的问题就得以简化了，所以有必要讨论一下无穷远点处的留数的计算.

令 $t = \dfrac{1}{z}$，则 $g(t) = f\left(\dfrac{1}{t}\right)$ 在 $0 < |t| < \dfrac{1}{R}$ 内解析，其洛朗级数展开式为

$$g(t) = \cdots + c_{-n} t^n + \cdots + c_{-1} t + c_0 + c_1 t^{-1} + \cdots$$

于是

$$g(t) \frac{1}{t^2} = \cdots + c_{-n} t^{n-2} + \cdots + c_{-1} t^{-1} + c_0 t^{-2} + c_1 t^{-3} + \cdots$$

从而

$$c_{-1} = \text{Res}\left[g(t)\frac{1}{t^2}, 0\right] = \text{Res}\left[f\left(\frac{1}{t}\right) \cdot \frac{1}{t^2}, 0\right] = \text{Res}\left[f\left(\frac{1}{z}\right) \cdot \frac{1}{z^2}, \infty\right]$$

综上可得以下法则.

法则 7.4 设函数 $f(z)$ 在 $0 \leqslant R < |z| < +\infty$ 内解析，则

$$\text{Res}[f(z), \infty] = -\text{Res}\left[f\left(\frac{1}{z}\right) \cdot \frac{1}{z^2}, 0\right] \qquad (7.12)$$

例 7.11 求下列函数在无穷远点处的留数.

（1） $f(z) = \dfrac{e^{iz}}{z^2 + 1}$；（2） $f(z) = \dfrac{e^{\frac{1}{z}}}{1-z}$；（3） $f(z) = \dfrac{\sin 2z}{(z+1)^3}$.

解 （1）因为 $z = \pm i$ 是 $f(z)$ 的一阶极点，$z = \infty$ 是 $f(z)$ 的本性奇点，故有

$$\text{Res}[f(z), i] = \lim_{z \to i}(z - i)\frac{e^{iz}}{z^2 + 1} = \lim_{z \to i}\frac{e^{iz}}{z + i} = -\frac{i}{2}e^{-1}$$

$$\text{Res}[f(z), -i] = \lim_{z \to -i}(z + i)\frac{e^{iz}}{z^2 + 1} = \lim_{z \to -i}\frac{e^{iz}}{z - i} = \frac{i}{2}e$$

那么， $\mathrm{Res}[f(z),\infty] = -\mathrm{Res}[f(z),\mathrm{i}] - \mathrm{Res}[f(z),-\mathrm{i}] = -\dfrac{\mathrm{i}}{2}(\mathrm{e}^{-1} + \mathrm{e}) = -\mathrm{ish1}$

（2） $\mathrm{Res}[f(z),\infty] = -\mathrm{Res}\left[f\left(\dfrac{1}{z}\right) \cdot \dfrac{1}{z^2}, 0\right] = -\mathrm{Res}\left[\dfrac{\mathrm{e}^z}{z(z-1)}, 0\right] = -\lim_{z \to 0}\dfrac{\mathrm{e}^z}{z-1} = 1$

（3）因为 $z = -1$ 是 $f(z)$ 的三阶极点，所以

$$\mathrm{Res}[f(z),-1] = -\dfrac{1}{2!}\lim_{z \to -1}\dfrac{\mathrm{d}^2}{\mathrm{d}z^2}(\sin 2z) = -\dfrac{1}{2!}\lim_{z \to -1}(-4\sin 2z) = -2\sin 2$$

由定理 7.10 得

$$\mathrm{Res}[f(z),\infty] = -\mathrm{Res}[f(z),-1] = -2\sin 2$$

■ **例 7.12** 计算积分 $\displaystyle\oint_C \dfrac{z^{15}}{(z^2+1)^2(z^4+2)^3}\mathrm{d}z$，其中 C 为正向圆周：$|z| = 3$．

解 除 ∞ 点外，被积函数的奇点是 $\pm\mathrm{i}$，$z_k = \sqrt[4]{2}\mathrm{e}^{\frac{2k+1}{4}\pi\mathrm{i}}$（$k = 0,1,2,3$），这 6 个奇点均包含在 $|z| = 3$ 内部．要计算这 6 个奇点的留数之和是十分麻烦的，所以由函数 $f(z)$ 在这 6 个奇点处留数之和为零可知

$$\oint_C \dfrac{z^{15}}{(z^2+1)^2(z^4+2)^3}\mathrm{d}z = -2\pi\mathrm{i}\,\mathrm{Res}[f(z),\infty]$$

$$= 2\pi\mathrm{i}\left[f\left(\dfrac{1}{z}\right) \cdot \dfrac{1}{z^2}, 0\right]$$

$$= 2\pi\mathrm{i}\,\mathrm{Res}\left[\dfrac{1}{z(z^2+1)^2(2z^4+1)^3}, 0\right]$$

$$= 2\pi\mathrm{i}$$

从例 7.12 可以看出，当有限奇点的个数比较多或者这些奇点处的留数计算比较复杂，而 $\mathrm{Res}[f(z),\infty]$ 的计算比较容易时，用 $\mathrm{Res}[f(z),\infty]$ 来求 $\displaystyle\sum_{k=1}^{n}\mathrm{Res}[f(z),z_k]$ 是很方便的，进而应用留数定理计算复积分也就得到了简化．

第三节　留数的应用

本节介绍留数理论的两个应用：计算定积分和反演积分．一方面，在实际问题中，常会遇到一些实积分，它们用寻常的方法计算比较复杂，有时甚至无法求值．如果把它们化为复变函数的积分，运用留数定理计算要简单得多．另一方面，拉普拉斯变换在电学、力学等众多的工程技术与科学研究领域中都有广泛的应用，而运用拉普拉斯变换求解具体问题时，常常需要由像函数求像原函数．本节将给出由像函数求像原函数的反演

积分公式，再利用留数计算反演积分.

一、留数在定积分计算中的应用

用参数方程法计算复积分可以把复变函数沿闭路的积分转化为复定积分，反之，如果把实积分转化为复定积分进而再通过变换和构造闭路就有可能转化为复变函数沿闭路的积分，这样可以应用留数理论及其他复分析方法解决一些用实分析工具难以求解的实函数积分问题. 我们把这种利用留数理论及其他复分析方法计算实函数积分的方法，称为围道积分方法，其基本思想就是：首先把实函数的积分化为求复变函数沿闭路的积分，然后利用留数定理，使沿闭路的积分计算化为被积函数在闭路内部各奇点上求留数的问题. 下面以几种特殊类型的实积分的计算为例，介绍用留数计算实积分的基本方法及其所遵循的基本原则.

（一）$\int_0^{2\pi} R(\cos\theta, \sin\theta)\mathrm{d}\theta$ 型的积分

被积函数 $R(\cos\theta, \sin\theta)$ 是 $\cos\theta, \sin\theta$ 的有理函数，且在 $[0, 2\pi]$ 上连续，令 $z = \mathrm{e}^{\mathrm{i}\theta}$，则 $\mathrm{d}z = \mathrm{i}\mathrm{e}^{\mathrm{i}\theta}\mathrm{d}\theta$，且

$$\sin\theta = \frac{1}{2\mathrm{i}}(\mathrm{e}^{\mathrm{i}\theta} - \mathrm{e}^{-\mathrm{i}\theta}) = \frac{z^2-1}{2\mathrm{i}\,z}$$

$$\cos\theta = \frac{1}{2}(\mathrm{e}^{\mathrm{i}\theta} + \mathrm{e}^{-\mathrm{i}\theta}) = \frac{z^2+1}{2z}$$

当 θ 历经 $[0, 2\pi]$ 时，z 正好沿单位圆 $|z|=1$ 的正向绕行一周，于是

$$\oint_{|z|=1} R\left[\frac{z^2+1}{2z}, \frac{z^2-1}{2\mathrm{i}\,z}\right]\frac{\mathrm{d}z}{\mathrm{i}\,z} = \oint_{|z|=1} f(z)\mathrm{d}z$$

其中 $f(z) = \frac{1}{\mathrm{i}\,z}R\left[\frac{z^2+1}{2z}, \frac{z^2-1}{2\mathrm{i}z}\right]$ 为 z 的有理函数，且在 $|z|=1$ 上无奇点. 设 $f(z)$ 在 $|z|<1$ 内的奇点为 $z_1, z_2, \cdots, z_n$，由留数定理得

$$\int_0^{2\pi} R(\cos\theta, \sin\theta)\mathrm{d}\theta = 2\pi\mathrm{i}\sum_{k=1}^{n}\mathrm{Res}\left[f(z), z_k\right]$$

例 7.13 计算 $I = \int_0^{\pi}\frac{\cos(10x)\mathrm{d}x}{5-4\cos x}$.

解 被积函数为偶函数，则有 $I = \frac{1}{2}\int_{-\pi}^{\pi}\frac{\cos(10x)\mathrm{d}x}{5-4\cos x}$.

记 $I_1 = \int_{-\pi}^{\pi}\frac{\cos(10x)\mathrm{d}x}{5-4\cos x}$，$I_2 = \int_{-\pi}^{\pi}\frac{\sin(10x)\mathrm{d}x}{5-4\cos x}$，于是 $I_1 + \mathrm{i}I_2 = \int_{-\pi}^{\pi}\frac{\mathrm{e}^{10x\mathrm{i}}\mathrm{d}x}{5-4\cos x}$.

令 $z = \mathrm{e}^{\mathrm{i}x}$，则 $I_1 + \mathrm{i} I_2 = \dfrac{1}{\mathrm{i}} \displaystyle\int_{|z|=1} \dfrac{z^{10}\mathrm{d}z}{5z - 2(1+z^2)} = \dfrac{\mathrm{i}}{2} \displaystyle\int_{|z|=1} \dfrac{z^{10}\mathrm{d}z}{\left(z - \dfrac{1}{2}\right)(z-2)}$.

函数 $f(z) = \dfrac{z^{10}}{\left(z - \dfrac{1}{2}\right)(z-2)}$ 仅有一个极点为 $z = \dfrac{1}{2}$ 且在圆周 $|z|=1$ 内，那么，根据留数

定理可得 $\dfrac{\mathrm{i}}{2} \displaystyle\int_{|z|=1} \dfrac{z^{10}\mathrm{d}z}{\left(z - \dfrac{1}{2}\right)(z-2)} = \dfrac{\mathrm{i}}{2} \cdot 2\pi\mathrm{i} \cdot \mathrm{Res}\left[f(z), \dfrac{1}{2}\right] = \dfrac{\pi}{3 \cdot 2^9}$，因此得 $I_1 = \dfrac{\pi}{3 \cdot 2^9}$，$I_2 = 0$，

故有 $I = \dfrac{1}{2} I_1 = \dfrac{\pi}{3 \cdot 2^{10}}$.

（二）$\displaystyle\int_{-\infty}^{+\infty} R(x)\mathrm{e}^{\mathrm{i}ax}\mathrm{d}x \ (a > 0)$ 型的积分

当被积函数 $R(x)$ 是 x 的有理分式函数，而分母的次数至少比分子的次数高一次，并且 $R(z)$ 在实轴上没有奇点时，设

$$R(z) = \frac{P(z)}{Q(z)} = \frac{z^n + a_1 z^{n-1} + \cdots + a_n}{z^m + b_1 z^{m-1} + \cdots + b_m} \quad (m - n \geqslant 1)$$

取积分路径如图 7-2 所示，其中 C_R 是以原点为中心，R 为半径的上半平面的半圆周.

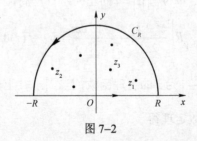

图 7-2

取 R 适当大，使 $R(z)$ 在上半平面内的极点 z_k 都落在积分路径 C_R 与 x 轴所围区域内．根据留数定理有

$$\int_{-R}^{R} R(x)\mathrm{e}^{\mathrm{i}ax}\mathrm{d}x + \int_{C_R} R(z)\mathrm{e}^{\mathrm{i}az}\mathrm{d}z = 2\pi\mathrm{i}\sum \mathrm{Res}[R(z)\mathrm{e}^{\mathrm{i}az}, z_k]$$

令 $R \to +\infty$，有

$$\int_{-\infty}^{+\infty} R(x)\mathrm{e}^{\mathrm{i}ax}\mathrm{d}x + \lim_{R \to +\infty} \int_{C_R} R(z)\mathrm{e}^{\mathrm{i}az}\mathrm{d}z = 2\pi\mathrm{i}\sum \mathrm{Res}[R(z)\mathrm{e}^{\mathrm{i}az}, z_k]$$

要求出积分 $\displaystyle\int_{-\infty}^{+\infty} R(x)\mathrm{e}^{\mathrm{i}ax}\mathrm{d}x$，只要求出积分 $\displaystyle\lim_{R \to +\infty} \int_{C_R} R(z)\mathrm{e}^{\mathrm{i}az}\mathrm{d}z$ 就可以了，为此下面介绍约当引理.

引理 7.1（约当引理）　设函数 $g(z)$ 在上半平面内有有限个奇点，在实轴上解析，而且在半圆周 C_R：$z = Re^{i\theta}(0 \leqslant \theta \leqslant \pi)$ 上连续，当 $\text{Im}(z) \geqslant 0$ 时，有

$$\lim_{z \to \infty} g(z) = 0$$

成立，则对任何 $a > 0$，有

$$\lim_{R \to +\infty} \int_{C_R} g(z)e^{i az} \, dz = 0$$

证明　由条件 $\lim\limits_{z \to \infty} g(z) = 0$ 得：$\forall \varepsilon > 0, \exists R_0$，使当 $R > R_0$ 时，有

$$\left| g(z) \right| < \varepsilon, \ z \in C_R$$

$$\left| \int_{C_R} g(z)e^{i az}dz \right| = \left| \int_0^\pi g(Re^{i\theta})e^{i aRe^{i\theta}}Re^{i\theta}i \, d\theta \right|$$

由 $\left| g(Re^{i\theta}) \right| < \varepsilon, \ \left| Re^{i\theta}i \right| = R$ 及 $\left| e^{iaRe^{i\theta}} \right| = \left| e^{-aR\sin\theta + i\, aR\cos\theta} \right| = e^{-aR\sin\theta}$ 得

$$\left| \int_{C_R} g(z)e^{i az}dz \right| \leqslant R\varepsilon \int_0^\pi e^{-aR\sin\theta} \, d\theta = 2R\varepsilon \int_0^{\frac{\pi}{2}} e^{-aR\sin\theta} \, d\theta$$

由约当不等式 $\dfrac{2\theta}{\pi} \leqslant \sin\theta \ \left(0 \leqslant \theta \leqslant \dfrac{\pi}{2} \right)$ 得

$$\left| \int_{C_R} g(z)e^{i az}dz \right| \leqslant 2R\varepsilon \int_0^{\frac{\pi}{2}} e^{-aR\sin\theta} \, d\theta \leqslant 2R\varepsilon \int_0^{\frac{\pi}{2}} e^{-\frac{2aR}{\pi}\theta} \, d\theta$$

从而 $\lim\limits_{R \to +\infty} \int_{C_R} g(z)e^{i az} \, dz = 0 \ (a > 0)$.

根据约当引理及以上的讨论得

$$\int_{-\infty}^{+\infty} R(x)e^{i ax}dx = 2\pi i \sum \text{Res}[R(z)e^{i az}, z_k]$$

特别地，将上式分开实部与虚部，就可得到积分：

$$\int_{-\infty}^{+\infty} R(x)\cos(ax)dx \text{ 和 } \int_{-\infty}^{+\infty} R(x)\sin(ax)dx$$

例 7.14　计算积分 $\displaystyle\int_0^{+\infty} \frac{\sin x}{x}dx$.

解　因为 $\displaystyle\int_0^{+\infty} \frac{\sin x}{x}dx = \frac{1}{2}\int_{-\infty}^{+\infty} \frac{\sin x}{x}dx = \frac{1}{2}\text{Im}\left(\int_{-\infty}^{+\infty} \frac{e^{ix}}{x}dx \right)$. 函数 $\dfrac{e^{iz}}{z}$ 在实轴上仅有一个简单极点 $z = 0$，那么，

$$\int_{-\infty}^{+\infty} \frac{e^{ix}}{x}dx = 2\pi i \left\{ 0 + \frac{1}{2}\text{Res}\left[\frac{e^{iz}}{z}, 0 \right] \right\}$$

$$= \pi i \lim_{z \to 0} z\frac{e^{iz}}{z} = \pi i$$

比较虚部得 $\int_{-\infty}^{+\infty}\dfrac{\sin x}{x}\mathrm{d}x=\pi$，故

$$\int_0^{+\infty}\frac{\sin x}{x}\mathrm{d}x=\frac{\pi}{2}$$

例 7.15 求钟形脉冲函数

$$f(t)=\mathrm{e}^{-\beta t^2}\quad(\beta>0)$$

的傅里叶变换.

解 $F(w)=\mathscr{F}\left[f(t)\right]=\int_{-\infty}^{+\infty}f(t)\mathrm{e}^{-\mathrm{j}\omega t}\,\mathrm{d}t=\int_{-\infty}^{+\infty}\mathrm{e}^{-\beta\left(t+\frac{\mathrm{j}w}{2\beta}\right)^2}\mathrm{e}^{-\frac{w^2}{4\beta}}\mathrm{d}t$

令 $z=t+\dfrac{w}{2\beta}\mathrm{j}$，则

$$\int_{-\infty}^{+\infty}\mathrm{e}^{-\beta\left(t+\frac{\mathrm{j}w}{2\beta}\right)^2}\mathrm{d}t=\int_{-\infty+\frac{w}{2\beta}\mathrm{j}}^{+\infty+\frac{w}{2\beta}\mathrm{j}}\mathrm{e}^{-\beta z^2}\,\mathrm{d}z$$

为了计算这个积分，作封闭曲线 $ABCD$，如图 7–3 所示.

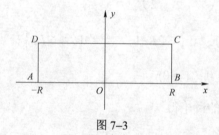

图 7–3

因为 $\mathrm{e}^{-\beta z^2}$ 在整个复平面上处处解析，由柯西定理知，对任意正实数 R，有

$$\int_{ABCD}\mathrm{e}^{-\beta z^2}\,\mathrm{d}z=\left(\int_{AB}+\int_{BC}+\int_{CD}+\int_{DA}\right)\mathrm{e}^{-\beta z^2}\,\mathrm{d}z=0$$

故

$$\lim_{R\to+\infty}\int_{ABCD}\mathrm{e}^{-\beta z^2}\,\mathrm{d}z=0$$

又因为

$$\lim_{R\to+\infty}\int_{AB}\mathrm{e}^{-\beta z^2}\,\mathrm{d}z=\lim_{R\to+\infty}\int_{-R}^{R}\mathrm{e}^{-\beta x^2}\,\mathrm{d}x=\frac{1}{\sqrt{\beta}}\int_{-\infty}^{\infty}\mathrm{e}^{-\left(\sqrt{\beta}x\right)^2}\,\mathrm{d}\sqrt{\beta}x=\sqrt{\frac{\pi}{\beta}}$$

$$\lim_{R\to+\infty}\left|\int_{R}^{R+\frac{w}{2\beta}\mathrm{j}}\mathrm{e}^{-\beta z^2}\,\mathrm{d}z\right|=\lim_{R\to+\infty}\left|\int_0^{\frac{w}{2\beta}}\mathrm{e}^{-\beta(R+\mathrm{j}y)^2}\,\mathrm{d}z\right|\leqslant\lim_{R\to+\infty}\frac{w}{2\beta}\mathrm{e}^{\frac{w^2}{4\beta}-\beta R^2}=0$$

从而

$$\lim_{R \to +\infty} \int_R^{R + \frac{w}{2\beta}j} e^{-\beta z^2} \, dz = 0$$

同理

$$\lim_{R \to +\infty} \int_{-R + \frac{w}{2\beta}j}^{-R} e^{-\beta z^2} \, dz = 0$$

所以

$$\int_{+\infty + \frac{w}{2\beta}j}^{-\infty + \frac{w}{2\beta}j} e^{-\beta z^2} \, dz = \lim_{R \to +\infty} \int_{R + \frac{w}{2\beta}j}^{-R + \frac{w}{2\beta}j} e^{-\beta z^2} \, dz = -\sqrt{\frac{\pi}{\beta}}$$

于是

$$F(w) = e^{-\frac{w^2}{4\beta}} \sqrt{\frac{\pi}{\beta}}$$

二、留数在反演积分中的应用

由拉普拉斯变换和傅里叶变换的关系可知，函数 $f(t)$ 的拉普拉斯变换 $F(s) = F(\beta + j\omega)$ 就是 $f(t)u(t)e^{-\beta t}$ 的傅里叶变换，即

$$F(s) = F(\beta + j\omega) = \int_{-\infty}^{+\infty} [f(t)u(t)e^{-\beta t}]e^{-j\omega t} \, dt$$

因此，当 $f(t)u(t)e^{-\beta t}$ 满足傅里叶积分定理的条件时，按傅里叶逆变换，在 $f(t)$ 的连续点处有

$$f(t)u(t)e^{-\beta t} = \frac{1}{2\pi} \int_{-\infty}^{+\infty} F(\beta + j\omega)e^{j\omega t} \, d\omega$$

将上式左右两边同乘 $e^{\beta t}$，并令 $s = \beta + j\omega$，则有

$$f(t)u(t) = \frac{1}{2\pi j} \int_{\beta - j\infty}^{\beta + j\infty} F(s)e^{st} \, ds$$

因此有

$$f(t) = \frac{1}{2\pi j} \int_{\beta - j\infty}^{\beta + j\infty} F(s)e^{st} \, ds \quad (t > 0) \tag{7.13}$$

这就是由像函数 $F(s)$ 求像原函数的一般公式，称为反演积分公式. 其中式（7.13）右端的积分称为反演积分，其积分路径是 s 平面上的一条直线 $\mathrm{Re}\,s = \beta$，该直线处于 $F(s)$ 的存在域中.

式（7.13）的右端是一个复函数的积分，而复积分的计算通常比较困难，但当像函数 $F(s)$ 满足一定的条件时，可以借助留数这一工具来计算式（7.13）右端的复积分. 下面的定理给出了这种积分的具体计算公式.

定理 7.11 设函数 $F(s)$ 在半平面 $\operatorname{Re} s \leqslant c$ 内除有限个孤立奇点 $s_1, s_2, \cdots s_n$ 外是解析的，且当 $s \to \infty$ 时，$F(s) \to 0$，则有

$$\frac{1}{2\pi j} \int_{\beta-j\infty}^{\beta+j\infty} F(s) e^{st} \, ds = \sum_{k=1}^{n} \operatorname{Res}[F(s) e^{st}, s_k]$$

即

$$f(t) = \sum_{k=1}^{n} \operatorname{Res}[F(s) e^{st}, s_k] \quad (t > 0) \tag{7.14}$$

证明 如图 7-4 所示，作闭曲线 $C = L + C_R$，当 R 充分大时，可使 $F(s) e^{st}$ 的所有奇点都包含在 C 围成的区域内，由留数定理有

$$\oint_C F(s) e^{st} \, ds = 2\pi j \sum_{k=1}^{n} \operatorname{Res}[F(s) e^{st}, s_k]$$

$$= \int_L F(s) e^{st} \, ds + \int_{C_R} F(s) e^{st} \, ds$$

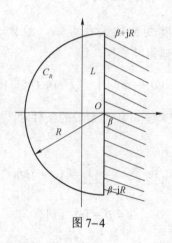

图 7-4

由约当引理，当 $t > 0$ 时，有

$$\lim_{R \to +\infty} \int_{C_R} F(s) e^{st} \, ds = 0$$

因此有 $\dfrac{1}{2\pi j} \int_{\beta-j\infty}^{\beta+j\infty} F(s) e^{st} \, ds = \sum_{k=1}^{n} \operatorname{Res}[F(s) e^{st}, s_k]$.

注意：当 $F(s)$ 为有理函数时，只有在分子次数小于分母次数时，即 $F(s)$ 为真分式时，才可以直接利用上述留数和公式. 若 $F(s)$ 不是真分式，则应用多项式除法将 $F(s)$ 分解为多项式与真分式之和，加以分别处理.

▪ **例 7.16** 求函数 $F(s) = \dfrac{1}{s^3(s^2+1)}$ 的拉普拉斯逆变换.

解 $F(s)$ 有一个三阶极点 $s = 0$ 和两个一阶极点 $s = \pm i$. 利用洛朗级数易得

$$\mathrm{Res}[F(s)\mathrm{e}^{st},\,0]=\frac{t^2}{2}-1$$

按留数计算法则可得

$$\mathrm{Res}[F(s)\mathrm{e}^{st},\,\mathrm{i}]=\frac{1}{s^3(s+\mathrm{i})}\mathrm{e}^{st}\Big|_{s=\mathrm{i}}=-\frac{1}{2}\mathrm{e}^{\mathrm{i}t}$$

$$\mathrm{Res}[F(s)\mathrm{e}^{st},\,-\mathrm{i}]=\frac{1}{s^3(s-\mathrm{i})}\mathrm{e}^{st}\Big|_{s=-\mathrm{i}}=\frac{1}{2}\mathrm{e}^{-\mathrm{i}t}$$

于是 $F(s)$ 的拉普拉斯逆变换为

$$f(t)=\frac{t^2}{2}-1+\frac{1}{2}\Big[\mathrm{e}^{\mathrm{i}t}+\mathrm{e}^{-\mathrm{i}t}\Big]=\cos t+\frac{t^2}{2}-1$$

■ **例 7.17**　求方程组

$$\begin{cases} y''-x''+x'-y=\mathrm{e}^t-2 \\ 2y''-x''-2y'+x=-t \end{cases}$$

满足初始条件

$$\begin{cases} y(0)=y'(0)=0 \\ x(0)=x'(0)=0 \end{cases}$$

的解.

解　设 $\mathscr{L}[x(t)]=X(s)$，$\mathscr{L}[y(t)]=Y(s)$．对方程组中每个方程两边取拉普拉斯变换，并考虑初始条件，得

$$\begin{cases} s^2Y(s)-s^2X(s)+sX(s)-Y(s)=\dfrac{1}{s-1}-\dfrac{2}{s} \\ 2s^2Y(s)-s^2X(s)-2sY(s)+X(s)=-\dfrac{1}{s^2} \end{cases}$$

求解得

$$X(s)=\frac{2s-1}{s^2(s-1)^2}，\quad Y(s)=\frac{1}{s(s-1)^2}$$

现求它们的逆变换，因为 $X(s)$ 有两个二阶极点：$s=0$，$s=1$，所以

$$x(t)=\lim_{s\to0}\frac{\mathrm{d}}{\mathrm{d}s}\left[\frac{2s-1}{(s-1)^2}\mathrm{e}^{st}\right]+\lim_{s\to1}\frac{\mathrm{d}}{\mathrm{d}s}\left[\frac{2s-1}{s^2}\mathrm{e}^{st}\right]$$

$$=\lim_{s\to0}\left[t\mathrm{e}^{st}\frac{2s-1}{(s-1)^2}-\frac{2s}{(s-1)^3}\mathrm{e}^{st}\right]+\lim_{s\to1}\left[t\mathrm{e}^{st}\frac{2s-1}{s^2}+\frac{2(1-s)}{s^3}\mathrm{e}^{st}\right]$$

$$=-t+t\mathrm{e}^t$$

而 $Y(s)$ 以 $s=0$ 为一阶极点，$s=1$ 为二阶极点，所以

$$y(t) = \lim_{s \to 0} \frac{s}{s(s-1)^2} e^{st} + \lim_{s \to 1} \frac{\mathrm{d}}{\mathrm{d}s}\left[(s-1)^2 \frac{1}{s(s-1)^2} e^{st}\right]$$

$$= 1 + \lim_{s \to 1} \frac{\mathrm{d}}{\mathrm{d}s}\left[\frac{e^{st}}{s}\right] = 1 + \lim_{s \to 1} \frac{\mathrm{d}}{\mathrm{d}s}\left[\frac{t e^{st}}{s} - \frac{t e^{st}}{s^2}\right] = 1 + t e^t - e^t$$

故

$$\begin{cases} x(t) = -t + t e^t \\ y(t) = 1 + t e^t - e^t \end{cases}$$

这便是所求方程组的解.

本章通过函数的洛朗展开式,给出了孤立奇点的分类方法,研究了留数理论的基础:留数基本定理、留数在定积分计算和反演积分计算中的应用.

利用留数计算积分,在某些情况下十分有效,特别是当被积函数的原函数不易求得及计算广义积分时更显其突出的作用;留数理论也为计算拉普拉斯逆变换提供了一种通用方法,在这两部分内容里留数理论的实用价值得到了完美的体现.

习 题 七

1. 填空题.

(1)设 $z = 0$ 为函数 $z^5 - 3z^2$ 的 m 阶零点,那么 $m =$ _____.

(2) $z = 0$ 为 $f(z) = \dfrac{\sin z}{z^3}$ 的_____阶极点.

(3) $z = 1$ 为函数 $f(z) = \dfrac{z^2 + (1-\mathrm{i})z - \mathrm{i}}{(z^2+1)^2(z-1)}$ 的_____阶极点.

(4)函数 $f(z) = \dfrac{e^z}{z^2 - 1}$,则 $\mathrm{Res}[f(z), \infty] =$ _____.

(5)积分 $\displaystyle\oint_{|z|=1} \frac{\mathrm{d}z}{z\sin z} =$ _____.

(6) $\displaystyle\int_{|z|=2} \frac{\mathrm{d}z}{(z+\mathrm{i})^{10}(z-1)(z-3)} =$ _____.

2. 选择题.

(1)设 $z = 0$ 是 $f(z) = \dfrac{\sin z - z}{z^3}$ 的(　　　).

(A)本性奇点　　　(B)可去奇点　　　(C)二阶极点　　　(D)三阶极点

(2)函数 $f(z) = z^2 e^{\frac{1}{z}}$,则 $\mathrm{Res}[f(z), 0] =$ (　　　).

(A) 0　　　　　　(B) 1　　　　　　(C) $\dfrac{\pi\mathrm{i}}{3}$　　　　　(D) $e + 1$

（3）$z=\infty$ 为 $\mathrm{e}^z\cos\dfrac{1}{z}$ 的（　　）.

（A）本性奇点　　　　（B）极点　　　　（C）可去奇点　　　（D）解析点

（4）设 $z=a$ 为解析函数 $f(z)$ 的 m 阶零点，则 $\mathrm{Res}\left[\dfrac{f'(z)}{f(z)},a\right]=$（　　）.

（A）m　　　　　　（B）$-m$　　　　　（C）$m-1$　　　　（D）$1-m$

（5）函数 $f(z)=\dfrac{1}{z(z+1)^4(z-4)}$ 在无穷远点的留数为（　　）.

（A）$\pi\mathrm{i}$　　　　　　（B）-1　　　　　（C）0　　　　　（D）1

3. 求出下列函数在各有限孤立奇点处的留数.

（1）$\dfrac{1-\mathrm{e}^{2z}}{z^4}$；（2）$\dfrac{z^7}{(z-2)(z^2+1)}$；（3）$z^2\sin\dfrac{1}{z}$.

4. 利用留数计算下列积分.

（1）$\displaystyle\oint_{|z|=2}\dfrac{\mathrm{e}^{2z}}{(z-1)^2}\mathrm{d}z$；（2）$\displaystyle\oint_{|z|=2}\dfrac{z}{z^4-1}\mathrm{d}z$；（3）$\displaystyle\oint_{|z|=2}\dfrac{1}{(z^5-1)(z-3)}\mathrm{d}z$.

5. 计算下列积分.

（1）$\displaystyle\int_0^{2\pi}\dfrac{\mathrm{d}\theta}{(3+\cos\theta)}$；（2）$\displaystyle\int_0^{\frac{\pi}{2}}\dfrac{2}{2-\cos(2x)}\mathrm{d}x$；（3）$\displaystyle\int_0^{+\infty}\dfrac{\cos(mx)}{1+x^2}\mathrm{d}x\ (m>0)$.

6 利用留数求下列函数的拉普拉斯逆变换.

（1）$F(s)=\dfrac{1}{(s-1)^2(s-2)}$；（2）$F(s)=\dfrac{3s+5}{s^2+9}$；（3）$F(s)=\dfrac{2}{s^2(s^2-1)}$；

（4）$F(s)=\dfrac{s}{s^4+5s^2+4}$；（5）$F(s)=\ln\dfrac{s-2}{s+1}$.

附录 A 傅里叶变换简表

序号	$f(t)$	$F(\omega)$
1	$\cos \omega_0 t$	$\pi[\delta(\omega+\omega_0)+\delta(\omega-\omega_0)]$
2	$\sin \omega_0 t$	$\pi \mathrm{j}[\delta(\omega+\omega_0)-\delta(\omega-\omega_0)]$
3	$\dfrac{\sin \omega_0 t}{\pi t}$	$\begin{cases} 1, & \|\omega\| \leqslant \omega_0 \\ 0, & \|\omega\| > \omega_0 \end{cases}$
4	$u(t)$	$\dfrac{1}{\mathrm{j}\omega}+\pi\delta(\omega)$
5	$u(t-c)$	$\dfrac{1}{\mathrm{j}\omega}\mathrm{e}^{-\mathrm{j}\omega c}+\pi\delta(\omega)$
6	$u(t) \cdot t$	$-\dfrac{1}{\omega^2}+\pi\mathrm{j}\delta'(\omega)$
7	$u(t) \cdot t^n$	$\dfrac{n!}{(\mathrm{j}\omega)^{n+1}}+\pi\mathrm{j}^n\delta^{(n)}(\omega)$
8	$u(t)\sin at$	$\dfrac{a}{a^2-\omega^2}+\dfrac{\pi}{2\mathrm{j}}[\delta(\omega-\omega_0)-\delta(\omega+\omega_0)]$
9	$u(t)\cos at$	$\dfrac{\mathrm{j}\omega}{a^2-\omega^2}+\dfrac{\pi}{2}[\delta(\omega-\omega_0)+\delta(\omega+\omega_0)]$
10	$u(t)\mathrm{e}^{-\beta t}\ (\beta>0)$	$\dfrac{1}{\beta+\mathrm{j}\omega}$
11	$u(t)\mathrm{e}^{\mathrm{j}at}$	$\dfrac{1}{\mathrm{j}(\omega-a)}+\pi\delta(\omega-a)$
12	$u(t-c)\mathrm{e}^{\mathrm{j}at}$	$\dfrac{1}{\mathrm{j}(\omega-a)}\mathrm{e}^{-\mathrm{j}(\omega-a)c}+\pi\delta(\omega-a)$

续表

序号	$f(t)$	$F(\omega)$
13	$u(t)\,\mathrm{e}^{\mathrm{j}at}\,t^n$	$\dfrac{n!}{[\mathrm{j}(\omega-a)]^{n+1}}+\pi\,\mathrm{j}^n\,\delta^{(n)}(\omega-a)$
14	$\mathrm{e}^{a|t|}\ (\mathrm{Re}\,a<0)$	$\dfrac{-2a}{\omega^2+a^2}$
15	$\delta(t)$	1
16	$\delta(t-c)$	$\mathrm{e}^{-\mathrm{j}\omega c}$
17	$\delta'(t)$	$\mathrm{j}\omega$
18	$\delta^{(n)}(t)$	$(\mathrm{j}\omega)^n$
19	$\delta^{(n)}(t-c)$	$(\mathrm{j}\omega)^n\,\mathrm{e}^{-\mathrm{j}\omega c}$
20	1	$2\pi\delta(\omega)$
21	t	$2\pi\,\mathrm{j}\,\delta'(\omega)$
22	t^n	$2\pi\,\mathrm{j}^n\,\delta^{(n)}(\omega)$
23	$\mathrm{e}^{\mathrm{j}at}$	$2\pi\delta(\omega-a)$
24	$t^n\,\mathrm{e}^{\mathrm{j}at}$	$2\pi\,\mathrm{j}^n\,\delta^{(n)}(\omega-a)$
25	$\dfrac{1}{a^2+t^2}\quad(\mathrm{Re}\,a<0)$	$-\dfrac{\pi}{a}\mathrm{e}^{a|\omega|}$
26	$\dfrac{1}{(a^2+t^2)^2}\quad(\mathrm{Re}\,a<0)$	$\dfrac{\mathrm{j}\omega\pi}{2a}\mathrm{e}^{a|\omega|}$
27	$\dfrac{\mathrm{e}^{\mathrm{j}bt}}{a^2+t^2}\ (\mathrm{Re}\,a<0,\ b\text{ 为实数})$	$-\dfrac{\pi}{a}\mathrm{e}^{a|\omega-b|}$
28	$\dfrac{\cos bt}{a^2+t^2}\ (\mathrm{Re}\,a<0,\ b\text{ 为实数})$	$-\dfrac{\pi}{2a}[\mathrm{e}^{a|\omega-b|}+\mathrm{e}^{a|\omega+b|}]$
29	$\dfrac{\sin bt}{a^2+t^2}\ (\mathrm{Re}\,a<0,\ b\text{ 为实数})$	$-\dfrac{\pi}{2a\mathrm{j}}[\mathrm{e}^{a|\omega-b|}+\mathrm{e}^{a|\omega+b|}]$
30	$\dfrac{\mathrm{sh}\,(at)}{\mathrm{sh}\,(\pi t)}\quad(-\pi<a<\pi)$	$\dfrac{\sin a}{\mathrm{ch}\,\omega+\cos a}$
31	$\dfrac{\mathrm{sh}\,(at)}{\mathrm{ch}\,(\pi t)}\quad(-\pi<a<\pi)$	$-2\,\mathrm{j}\,\dfrac{\sin\dfrac{a}{2}\,\mathrm{sh}\dfrac{\omega}{2}}{\mathrm{ch}\,\omega+\cos a}$

续表

序号	$f(t)$	$F(\omega)$
32	$\dfrac{\text{ch}\,(at)}{\text{ch}\,(\pi t)}\quad(-\pi<a<\pi)$	$2\dfrac{\cos\dfrac{a}{2}\,\text{ch}\dfrac{\omega}{2}}{\text{ch}\,\omega+\cos a}$
33	$\dfrac{1}{\text{ch}\,(at)}$	$\dfrac{\pi}{a}\dfrac{1}{\text{ch}\dfrac{\pi\omega}{2a}}$
34	$\sin\!\left(at^2\right)\,(a>0)$	$\sqrt{\dfrac{\pi}{a}}\cos\!\left(\dfrac{\omega^2}{4a}+\dfrac{\pi}{4}\right)$
35	$\cos\!\left(at^2\right)\,(a>0)$	$\sqrt{\dfrac{\pi}{a}}\cos\!\left(\dfrac{\omega^2}{4a}-\dfrac{\pi}{4}\right)$
36	$\dfrac{1}{t}\sin\,(at)\quad(a>0)$	$\begin{cases}\pi,&\lvert\omega\rvert\leqslant a\\0,&\lvert\omega\rvert>a\end{cases}$
37	$\dfrac{1}{t^2}\sin^2(at)\ (a>0)$	$\begin{cases}\pi\left(a-\dfrac{\lvert\omega\rvert}{2}\right),&\lvert\omega\rvert\leqslant 2a\\0,&\lvert\omega\rvert>2a\end{cases}$
38	$\dfrac{\sin\,(at)}{\sqrt{\lvert t\rvert}}$	$\text{j}\sqrt{\dfrac{\pi}{2}}\left(\dfrac{1}{\sqrt{\lvert\omega+a\rvert}}-\dfrac{1}{\sqrt{\lvert\omega-a\rvert}}\right)$
39	$\dfrac{\cos\,(at)}{\sqrt{\lvert t\rvert}}$	$\sqrt{\dfrac{\pi}{2}}\left(\dfrac{1}{\sqrt{\lvert\omega+a\rvert}}+\dfrac{1}{\sqrt{\lvert\omega-a\rvert}}\right)$
40	$\dfrac{1}{\sqrt{\lvert t\rvert}}$	$\sqrt{\dfrac{2\pi}{\omega}}$
41	$\text{sgn}\,t$	$\dfrac{2}{\text{j}\omega}$
42	$\text{e}^{-at^2}\ (\text{Re}\,a>0)$	$\sqrt{\dfrac{\pi}{a}}\text{e}^{-\frac{\omega^2}{4a}}$
43	$\lvert t\rvert$	$-\dfrac{2}{\omega^2}$
44	$\dfrac{1}{\lvert t\rvert}$	$\dfrac{\sqrt{2\pi}}{\lvert\omega\rvert}$

附录 B 拉普拉斯变换简表

序号	$f(t)$	$F(s)$
1	1	$\dfrac{1}{s}$
2	e^{at}	$\dfrac{1}{s-a}$
3	$t^m \quad (m>-1)$	$\dfrac{\Gamma(m+1)}{s^{m+1}}$
4	$t^m \mathrm{e}^{at} \quad (m>-1)$	$\dfrac{\Gamma(m+1)}{(s-a)^{m+1}}$
5	$\sin(at)$	$\dfrac{a}{s^2+a^2}$
6	$\cos(at)$	$\dfrac{s}{s^2+a^2}$
7	$\mathrm{sh}\,(at)$	$\dfrac{a}{s^2-a^2}$
8	$\mathrm{ch}\,(at)$	$\dfrac{s}{s^2-a^2}$
9	$t\sin(at)$	$\dfrac{2as}{(s^2+a^2)^2}$
10	$t\cos(at)$	$\dfrac{s^2-a^2}{(s^2+a^2)^2}$
11	$t\,\mathrm{sh}(at)$	$\dfrac{2as}{(s^2-a^2)^2}$
12	$t\,\mathrm{ch}(at)$	$\dfrac{s^2+a^2}{(s^2-a^2)^2}$

序号	$f(t)$	$F(s)$
13	$t^m \sin(at)\quad (m>-1)$	$\dfrac{\Gamma(m+1)}{2\mathrm{j}(s^2+a^2)^{m+1}}\cdot\left[(s+\mathrm{j}a)^{m+1}-(s-\mathrm{j}a)^{m+1}\right]$
14	$t^m \cos(at)\quad (m>-1)$	$\dfrac{\Gamma(m+1)}{2(s^2+a^2)^{m+1}}\cdot\left[(s+\mathrm{j}a)^{m+1}+(s-\mathrm{j}a)^{m+1}\right]$
15	$\mathrm{e}^{-bt}\sin(at)$	$\dfrac{a}{(s+b)^2+a^2}$
16	$\mathrm{e}^{-bt}\cos(at)$	$\dfrac{s+b}{(s+b)^2+a^2}$
17	$\mathrm{e}^{-bt}\sin(at+c)$	$\dfrac{(s+b)\sin c+a\cos c}{(s+b)^2+a^2}$
18	$\sin^2 t$	$\dfrac{1}{2}\left(\dfrac{1}{s}-\dfrac{s}{s^2+4}\right)$
19	$\cos^2 t$	$\dfrac{1}{2}\left(\dfrac{1}{s}+\dfrac{s}{s^2+4}\right)$
20	$\sin(at)\sin(bt)$	$\dfrac{2abs}{\left[s^2+(a+b)^2\right]\left[s^2+(a-b)^2\right]}$
21	$\mathrm{e}^{at}-\mathrm{e}^{bt}$	$\dfrac{a-b}{(s-a)(s-b)}$
22	$a\mathrm{e}^{at}-b\mathrm{e}^{bt}$	$\dfrac{(a-b)s}{(s-a)(s-b)}$
23	$\dfrac{1}{a}\sin(at)-\dfrac{1}{b}\sin(bt)$	$\dfrac{b^2-a^2}{(s^2+a^2)(s^2+b^2)}$
24	$\cos(at)-\cos(bt)$	$\dfrac{(b^2-a^2)s}{(s^2+a^2)(s^2+b^2)}$
25	$\dfrac{1}{a^2}\left[1-\cos(at)\right]$	$\dfrac{1}{s(s^2+a^2)}$
26	$\dfrac{1}{a^3}\left[at-\sin(at)\right]$	$\dfrac{1}{s^2(s^2+a^2)}$

序号	$f(t)$	$F(s)$
27	$\dfrac{1}{a^4}\left[\cos(at)-1\right]+\dfrac{1}{2a^2}t^2$	$\dfrac{1}{s^3\left(s^2+a^2\right)}$
28	$\dfrac{1}{a^4}\left[\operatorname{ch}(at)-1\right]-\dfrac{1}{2a^2}t^2$	$\dfrac{1}{s^3\left(s^2-a^2\right)}$
29	$\dfrac{1}{2a^3}\left[\sin(at)-at\cos(at)\right]$	$\dfrac{1}{\left(s^2+a^2\right)^2}$
30	$\dfrac{1}{2a}\left[\sin(at)+at\cos(at)\right]$	$\dfrac{s^2}{\left(s^2+a^2\right)^2}$
31	$\dfrac{1}{a^4}\left[1-\cos(at)\right]-\dfrac{1}{2a^3}t\sin(at)$	$\dfrac{1}{s\left(s^2+a^2\right)^2}$
32	$(1-at)\mathrm{e}^{-at}$	$\dfrac{s}{(s+a)^2}$
33	$t\left(1-\dfrac{a}{2}t\right)\mathrm{e}^{-at}$	$\dfrac{s}{(s+a)^3}$
34	$\dfrac{1}{a}\left(1-\mathrm{e}^{-at}\right)$	$\dfrac{1}{s(s+a)}$
35	$\dfrac{1}{ab}+\dfrac{1}{b-a}\left(\dfrac{\mathrm{e}^{-bt}}{b}-\dfrac{\mathrm{e}^{-at}}{a}\right)$	$\dfrac{1}{s(s+a)(s+b)}$
36	$\mathrm{e}^{-at}-\mathrm{e}^{\frac{at}{2}}\left(\cos\dfrac{\sqrt{3}at}{2}-\sqrt{3}\sin\dfrac{\sqrt{3}at}{2}\right)$	$\dfrac{3a^2}{s^3+a^3}$
37	$\sin(at)\operatorname{ch}(at)-\cos(at)\operatorname{sh}(at)$	$\dfrac{4a^3}{s^4+4a^4}$
38	$\dfrac{1}{2a^2}\sin(at)\operatorname{sh}(at)$	$\dfrac{s}{s^4+4a^4}$
39	$\dfrac{1}{2a^3}\left[\operatorname{sh}(at)-\sin(at)\right]$	$\dfrac{1}{s^4-a^4}$
40	$\dfrac{1}{2a^2}\left[\operatorname{ch}(at)-\cos(at)\right]$	$\dfrac{s}{s^4-a^4}$

序号	$f(t)$	$F(s)$
41	$\dfrac{1}{\sqrt{\pi t}}$	$\dfrac{1}{\sqrt{s}}$
42	$2\sqrt{\dfrac{t}{\pi}}$	$\dfrac{1}{s\sqrt{s}}$
43	$\dfrac{1}{\sqrt{\pi t}}\mathrm{e}^{at}(1+2at)$	$\dfrac{s}{(s-a)\sqrt{s-a}}$
44	$\dfrac{1}{2\sqrt{\pi t^3}}(\mathrm{e}^{bt}-\mathrm{e}^{at})$	$\sqrt{s-a}-\sqrt{s-b}$
45	$\dfrac{1}{\sqrt{\pi t}}\cos\left(2\sqrt{at}\right)$	$\dfrac{1}{\sqrt{s}}\mathrm{e}^{-\frac{a}{s}}$
46	$\dfrac{1}{\sqrt{\pi t}}\mathrm{ch}\left(2\sqrt{at}\right)$	$\dfrac{1}{\sqrt{s}}\mathrm{e}^{\frac{a}{s}}$
47	$\dfrac{1}{\sqrt{\pi t}}\sin\left(2\sqrt{at}\right)$	$\dfrac{1}{s\sqrt{s}}\mathrm{e}^{-\frac{a}{s}}$
48	$\dfrac{1}{\sqrt{\pi t}}\mathrm{sh}\left(2\sqrt{at}\right)$	$\dfrac{1}{s\sqrt{s}}\mathrm{e}^{\frac{a}{s}}$
49	$\dfrac{1}{t}\left(\mathrm{e}^{bt}-\mathrm{e}^{at}\right)$	$\ln\dfrac{s-a}{s-b}$
50	$\dfrac{2}{t}\mathrm{sh}(at)$	$\ln\dfrac{s+a}{s-a}=2\,\mathrm{arth}\dfrac{a}{s}$
51	$\dfrac{2}{t}\left[1-\cos(at)\right]$	$\ln\dfrac{s^2+a^2}{s^2}$
52	$\dfrac{2}{t}\left[1-\mathrm{ch}(at)\right]$	$\ln\dfrac{s^2-a^2}{s^2}$
53	$\dfrac{1}{t}\sin(at)$	$\arctan\dfrac{a}{s}$
54	$\dfrac{1}{t}\left[\mathrm{ch}(at)-\cos(bt)\right]$	$\ln\sqrt{\dfrac{(s^2+b^2)}{(s^2-a^2)}}$

续表

序号	$f(t)$	$F(s)$
55[①]	$\dfrac{1}{\pi t}\sin(2a\sqrt{t})$	$\mathrm{erf}\left(\dfrac{a}{\sqrt{s}}\right)$
56[①]	$\dfrac{1}{\pi t}\mathrm{e}^{-2a\sqrt{t}}$	$\dfrac{1}{\sqrt{s}}\mathrm{e}^{\frac{a^2}{s}}\mathrm{erfc}\left(\dfrac{a}{\sqrt{s}}\right)$
57	$\mathrm{erfc}\left(\dfrac{a}{2\sqrt{t}}\right)$	$\dfrac{1}{s}\mathrm{e}^{-a\sqrt{s}}$
58	$\mathrm{erf}\left(\dfrac{t}{2a}\right)$	$\dfrac{1}{s}\mathrm{e}^{a^2 s^2}\mathrm{erfc}(as)$
59	$\dfrac{1}{\sqrt{\pi t}}\mathrm{e}^{-2\sqrt{at}}$	$\dfrac{1}{\sqrt{s}}\mathrm{e}^{\frac{a}{s}}\mathrm{erfc}\left(\sqrt{\dfrac{a}{s}}\right)$
60	$\dfrac{1}{\sqrt{\pi(t+a)}}$	$\dfrac{1}{\sqrt{s}}\mathrm{e}^{\frac{a}{s}}\mathrm{erfc}\left(\sqrt{as}\right)$
61	$\dfrac{1}{\sqrt{a}}\mathrm{erf}\left(\sqrt{at}\right)$	$\dfrac{1}{s\sqrt{s+a}}$
62	$\dfrac{1}{\sqrt{a}}\mathrm{e}^{at}\mathrm{erf}\left(\sqrt{at}\right)$	$\dfrac{1}{\sqrt{s}(s-a)}$
63	$u(t)$	$\dfrac{1}{s}$
64	$tu(t)$	$\dfrac{1}{s^2}$
65	$t^m u(t)\quad(m>-1)$	$\dfrac{1}{s^{m+1}}\Gamma(m+1)$
66	$\delta(t)$	1
67	$\delta^{(n)}(t)$	s^n
68	$\mathrm{sgn}\,t$	$\dfrac{1}{s}$
69[②]	$\mathrm{J}_0(at)$	$\dfrac{1}{\sqrt{s^2+a^2}}$

续表

序号	$f(t)$	$F(s)$
70[②]	$I_0(at)$	$\dfrac{1}{\sqrt{s^2-a^2}}$
71	$J_0\left(2\sqrt{at}\right)$	$\dfrac{1}{s}e^{-\frac{a}{s}}$
72	$e^{-bt}I_0(at)$	$\dfrac{1}{\sqrt{(s+b)^2-a^2}}$
73	$tJ_0(at)$	$\dfrac{s}{\left(s^2+a^2\right)^{3/2}}$
74	$tI_0(at)$	$\dfrac{s}{\left(s^2-a^2\right)^{3/2}}$
75	$J_0\left(a\sqrt{t(t+2b)}\right)$	$\dfrac{1}{\sqrt{s^2+a^2}}e^{b\left(s-\sqrt{s^2+a^2}\right)}$

注：①$\operatorname{erf}(x)=\dfrac{2}{\sqrt{\pi}}\int_0^x e^{-t^2}dt$，称为误差函数；$\operatorname{erfc}(x)=1-\operatorname{erf}(x)=\dfrac{2}{\sqrt{\pi}}\int_x^{+\infty}e^{-t^2}dt$，称为余误差函数.

②$I_n(x)=j^{-n}J_n(jx)$. J_n 称为第一类 n 阶贝塞尔（Bessel）函数；I_n 称为第一类 n 阶变形的贝塞尔函数，或称为虚宗量的贝塞尔函数.

参 考 文 献

[1] 王忠仁，高彦伟. 复变函数与积分变换[M]. 北京：高等教育出版社，2015.

[2] 王以忠. 应用复变函数与积分变换[M]. 徐州：中国矿业大学出版社，2014.

[3] 盖云英，包革军. 复变函数与积分变换[M]. 北京：科学出版社，2001.

[4] 钟玉泉. 复变函数论[M]. 北京：人民教育出版社，1979.

[5] 白艳萍，雷英杰，杨明. 复变函数与积分变换[M]. 北京：国防工业出版社，2004.

[6] 贾云涛. 复变函数与积分变换[M]. 北京：清华大学出版社，2017.

[7] 杨降龙，杨帆. 复变函数与积分变换[M]. 北京：科学出版社，2011.

[8] 李红，谢松法. 复变函数与积分变换[M]. 北京：高等教育出版社，2008.

[9] 苏变萍，陈东立. 复变函数与积分变换[M]. 北京：高等教育出版社，2003.

[10] RUEL V C，JAMES W B. Complex variables and applications [M]. 5th ed. New York: McGraw-Hill Book Company, 1995.

[11] 南京工学院数学教研室. 积分变换[M]. 北京：高等教育出版社，1989.

[12] 徐天成，谷亚林，钱玲. 信号与系统[M]. 3版. 北京：电子工业出版社，2008.

[13] 宋东辉. 拉普拉斯变换在弹性地基梁静力分析中的应用[J]. 广东水电科技，1996：37–41.